ESSAI D'ÉTUDES

SUR CERTAINES

LARVES DE COLÉOPTÈRES

ET

DESCRIPTIONS DE QUELQUES ESPÈCES INÉDITES OU PEU CONNUES

PAR

CL. REY

MEMBRE DES SOCIÉTÉS LINNÉENNE ET D'AGRICULTURE
DE LYON,
DE LA SOCIÉTÉ FRANÇAISE D'ENTOMOLOGIE ET DE LA SOCIÉTÉ
ENTOMOLOGIQUE DE FRANCE

BEAUNE (Côte-d'Or)
BIBLIOTHÈQUE ENTOMOLOGIQUE DE ED. ANDRÉ
BOULEVARD BRETONNIÈRE, 21
—
1887

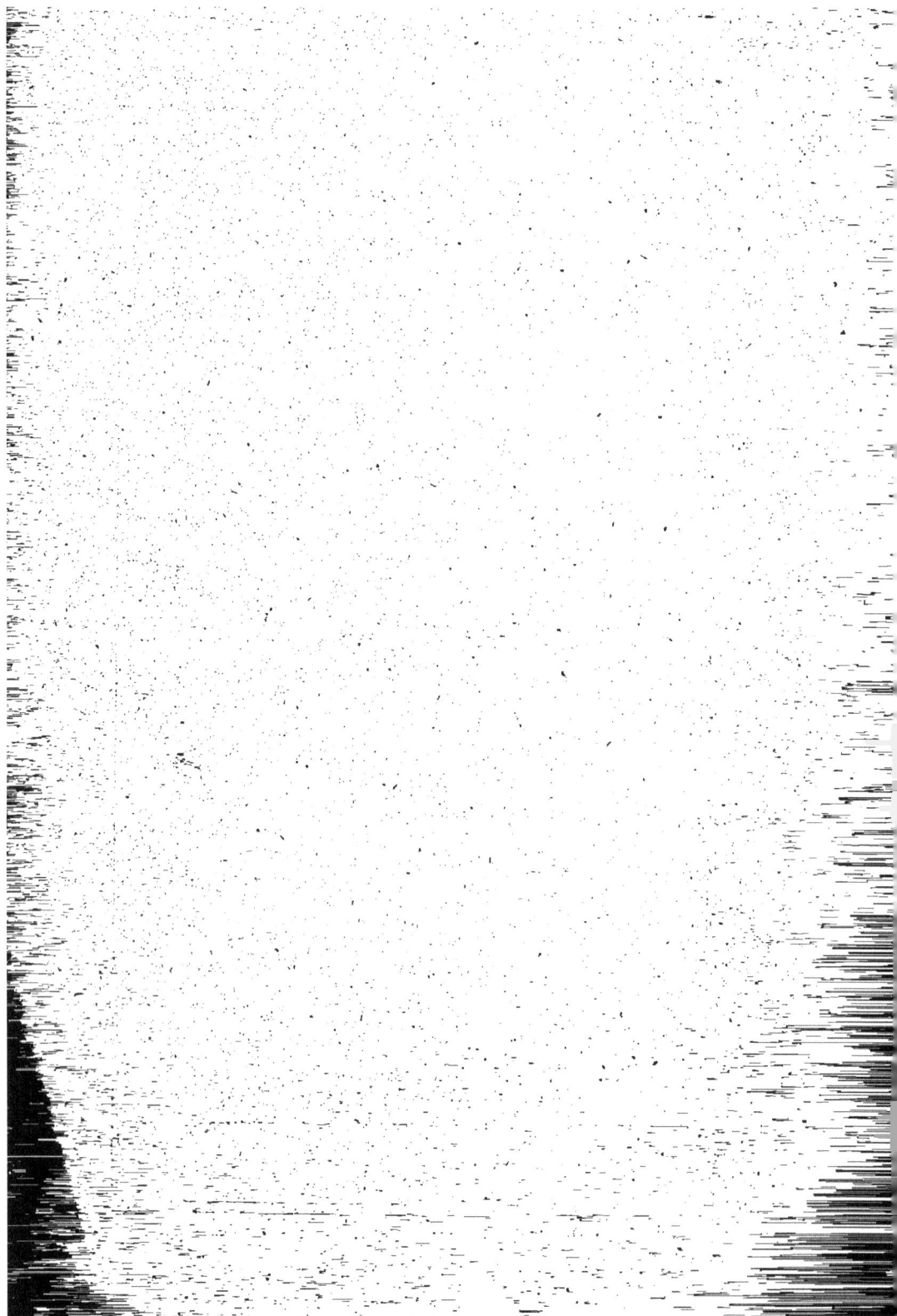

ESSAI D'ÉTUDES

SUR CERTAINES

LARVES DE COLÉOPTÈRES

LYON. — IMPRIMERIE PIRRAT AINÉ, RUE GENTIL, 4.

ESSAI D'ÉTUDES

SUR CERTAINES

LARVES DE COLÉOPTÈRES

ET

DESCRIPTIONS DE QUELQUES ESPÈCES INÉDITES OU PEU CONNUES

PAR

CL. REY

MEMBRE DES SOCIÉTÉS LINNÉENNE ET D'AGRICULTURE
DE LYON,
DE LA SOCIÉTÉ FRANÇAISE D'ENTOMOLOGIE ET DE LA SOCIÉTÉ
ENTOMOLOGIQUE DE FRANCE

BEAUNE (Côte d'Or)

BIBLIOTHÈQUE ENTOMOLOGIQUE DE ED. ANDRE

BOULEVARD BRETONNIÈRE, 21

—

1887

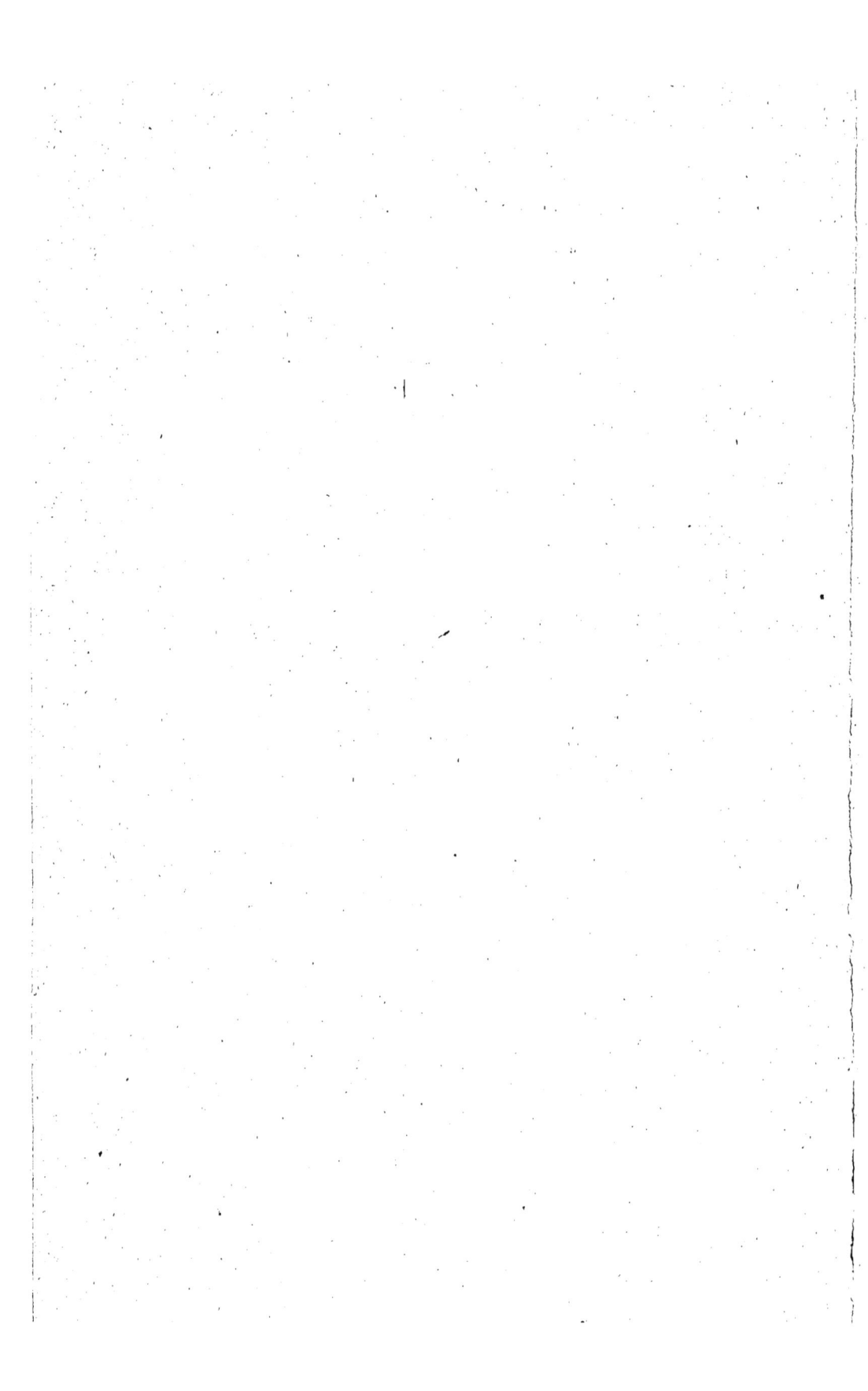

ESSAI D'ÉTUDES

sur certaines

LARVES DE COLÉOPTÈRES

et

DESCRIPTIONS DE QUELQUES ESPÈCES INÉDITES OU PEU CONNUES

— ◇ —

INTRODUCTION

Feu Perris, comme on le sait, a laissé deux ouvrages remarquables sur les mœurs et habitudes des Coléoptères, principalement à leur état vermiforme : le premier intitulé *Histoire des Insectes du Pin maritime*, et l'autre, *Larves de Coléoptères*.

Si j'ose venir vous soumettre ici quelques études provisoires sur les larves de Coléoptères après les deux savants travaux de notre Réaumur moderne sur cette matière, c'est que, loin de vouloir marcher sur ses brisées, je me suis aperçu que mes faibles observations ne faisaient que confirmer les siennes, pour la plupart. Du reste, sans crainte de me heurter à ses opinions fondées, j'ai été libre de m'exercer en dehors du cadre de son premier ouvrage, qui ne traite que d'Insectes nuisibles au Pin maritime, et, en même temps, en dehors du plan qu'il s'est tracé, dans le deuxième, de ne s'étendre qu'aux familles où se trouvait quelque espèce dont l'existence se liât plus ou moins directement au Châtaignier. Par exemple, dès le début, il saute, pour ainsi dire, à pieds joints, les Carabiques, Hydrocanthares, Palpicornes et Brévipennes, qui ne lui ont fourni aucun sujet réunissant la condition ci-dessus indiquée. De même

1

il ne dit rien ou presque rien des Chrysomélides, Coccinellides, Altisides et autres familles.

Ce qu'il y a dans un échalas de Châtaignier! Tel a été son point de départ, comme il le dit lui-même, pour nous initier, en élargissant son cadre, à toutes ces séries d'observations des plus intéressantes, qui n'embrassent pas moins de 600 pages, accompagnées de 579 figures, en 14 planches.

Je suis loin de pouvoir affirmer l'identité de toutes les larves dont je donne la description, c'est-à-dire de les rapporter avec certitude à l'insecte parfait dont chacune est l'état vermiforme (1). Mais mon travail n'est qu'un essai, entrepris surtout pour encourager les amateurs dans cette voie de l'étude des larves, qui, ainsi que chez les Lépidoptères, doit être d'un puissant secours pour la classification des genres. Perris lui-même, dont la modestie égalait le savoir, malgré sa connaissance approfondie des mœurs et habitudes des Insectes, a quelquefois avancé avec doute et sous toute réserve des faits dont il était peu certain, ce qui doit arriver souvent dans une étude aussi aride. Mais il s'est hâté de les confirmer ou de les rectifier dès qu'un examen ultérieur lui en a fourni l'occasion.

Quant à ses dénominations d'insectes parfaits, elles ne sont pas toutes certaines ; car, ainsi qu'il le dit lui-même dans son ouvrage des Insectes du Pin maritime, il s'est appliqué exclusivement aux observations relatives aux mœurs (2), et, pour la classification, il a suivi le catalogue Gaubil, en cours et en honneur à cette époque (1851) (3).

A l'exemple du maître, je n'ai donc pas craint d'avancer des doutes et des présomptions, me réservant de me soumettre, sans protester, aux justes observations qu'on pourrait me faire à cet égard et aux données nouvelles apportées par un examen plus approfondi. Cela posé, j'entre en matière.

---

(1) On sait combien il est difficile d'élever et de faire aboutir les larves de Coléoptères, à part celles qui vivent dans les bolets de consistance sèche, dans la carie, le tan et la vermoulure des arbres.

(2) Dans son supplément (1862), il a rectifié ces noms erronés.

(3) Ce catalogue n'est qu'une compilation des catalogues antérieurs de Sturm, Dahl, Dejean, etc., avec addition d'un certain nombre de synonymies plus ou moins erronées, le tout exécuté sans aucune espèce de contrôle. Aussi n'a-t-il pas été longtemps en vogue. Il a fait place successivement à ceux de Kraatz, Schaum, Kiesenwetter, Dohrn, de Marseul, Grenier Gemminger et de Harold, Stein et Weise, etc.

TRIBU DES CICINDELÈTES

Les larves des Cicindélètes sont remarquables par la grandeur de leur tête et du premier segment thoracique, le développement de leurs mandibules acérées et les crochets dorsaux du 5e segment abdominal.

Bien que leurs mœurs intéressantes soient connues et aient été bien observées, il n'en existe que cinq, à ma connaissance, de décrites et publiées, savoir :

1° *Tetracha euphratica*, Dej., décrite par Mulsant et Mayet (Op. entom., 1873, t. XV, p. 66).

2° *Cicindela campestris*, L., cataloguée par Chapuis et Candèze (p. 23), qui citent quinze auteurs, qui en ont parlé et qu'il serait trop long d'énumérer ici.

3° *Cicindela hybrida*, L., signalée par Chapuis et Candèze (p. 24), et à laquelle Schiœdte a ajouté de plus amples détails (Nat. Tidss., t. IV, 1867. p. 440, pl. XII, fig. 1-6). La larve supposée de la *C. maritima*, Dj., décrite par Schmidt (Ent. Zeit. Stettin, 1842, p. 273), lui ressemble presque sous tous les rapports.

4° *Cicindela maura*, L., dont Mulsant et Mayet ont donné l'histoire détaillée (Op. entom., 1873, t. XV, p. 71).

5° *Cicindela flexuosa*, F., publiée par MM. Jacquemet (Revue savoisienne, 1882) et Xambeu (Ann. Soc. Linn. Bulletin, juin, 1882, t. XXIX, 1883, p. 130). Ce dernier en a trouvé et décrit la nymphe (p. 132), jusqu'alors inconnue.

Je donne ci-après la description d'une cinquième espèce.

Larve de la **Cicindela litterata**, Sulzer.

Long. 9 à 10 mill. — *Corps* hexapode, allongé, plus ou moins étranglé dans son milieu, élargi en avant, un peu moins en arrière, peu convexe, finement et longuement sétosellé ; d'un noir luisant, irisé ou violacé sur la tête et le prothorax, d'un roux brunâtre sur le mésothorax et le métathorax, plus clair et moins brillant sur l'abdomen.

Tête grande, cornée, irrégulièrement triangulaire, un peu plus large, les

yeux compris, que le devant du prothorax ; d'un noir bronzé brillant plus
ou moins irisé ; parée sur les côtés de quelques soies subhispides pâles.
Vertex transversalement excavé, séparé du reste du front par une arête
saillante en forme d'accolade arquée, avec l'excavation interrompue dans
son milieu par une saillie en forme de chevron à pointe en avant. *Front*
largement et profondément excavé, subruguleux, fortement et obliquement relevé sur les côtés. *Épistome* plus obscur, moins brillant, finement
ridé en long, à peine arrondi à son bord antérieur, cachant le labre.
Mandibules fortes, très saillantes, falciformes, acérées, ferrugineuses à
extrémité rembrunie, brusquement coudées à leur base, munies de quelques épines sétiformes sur leur tranche supérieure, avec leur tranche
interne armée d'une grosse et large dent basilaire, un peu déjetée en
arrière. *Mâchoires* très développées, allongées, rousses, obliquement
déjetées en dehors, coudées au bout où elles portent 2 palpes maxillaires :
l'interne de 2 articles allongés et hispido-sétosellés : l'externe moins long,
de 3 articles, dont le 1er très court. *Languette* carrée, rousse. *Palpes
labiaux* roux, de 2 articles, le 1er allongé, le 2e court, ovalaire.

Yeux situés sur une éminence, composés chacun de 4 ocelles lisses,
semiglobuleux : les supérieurs noirs, à cercle extérieur pâle, placés l'un
au devant de l'autre : le 3e bien moindre, vitreux, situé en dessous de
l'antérieur : le 4e plus irrégulier, très petit, peu distinct, situé en dehors
et en dessous du postérieur.

Antennes assez développées, brunâtres, éparsement ciliées, insérées
dans une espèce de cavité ; de 4 articles : le 1er oblong, un peu en massue : le 2e plus allongé, subcylindrique : le 3e moins long, un peu plus
étroit, obconique : le dernier plus étroit, plus court tronqué et tricilié
au bout.

Prothorax très grand, corné, scutiforme, bisinué en avant, subarcuément et fortement rétréci en arrière ; d'un noir violacé cuivreux, luisant,
presque lisse ; paré dans son pourtour de cils subhispides pâles ; rebordé
sur les côtés, longitudinalement relevé sur le dos, qui est parcouru sur
son milieu par une fine ligne canaliculée.

Mésothorax et *métathorax* carrés, courts, subégaux, à peine plus longs
pris ensemble, que le prothorax, bien moins larges que celui-ci ; presque
lisses ; d'un roux brunâtre luisant et parfois submétallique ; parsemés de
longues et fines soies fauves. Le premier subtranverse, subconvexe, à
peine impressionné sur les côtés ; le deuxième plus court, subélargi en
arrière, subsillonné latéralement, subdéprimé sur le disque, qui est mar-

qué de 4 faibles impressions, dont les 2 intermédiaires longitudinales, les extérieures plus courtes, fovéiformes et situées en arrière.

Abdomen allongé, plus mou que l'avant-corps, plus ou moins rétréci antérieurement, subélargi en arrière en forme de longue spatule ; plus ou moins déprimé ; d'un roux livide, assez brillant sur les parties saillantes ; hérissé de longues et fines soies fauves, fasciculées ; composé de 9 segments. Les 8 premiers avec des bourrelets lisses sur les côtés au-dessus des stigmates, et des mamelons sur leur disque, de chaque côté de la ligne médiane : le 1er un peu plus court que les suivants : le 5e armé de 2 longs crochets dirigés en dedans et implantés sur les mamelons du disque (1) : le 9e plus étroit que le précédent, transverse, subconvexe, subrétréci en arrière, largement tronqué au milieu, impressionné de chaque côté à sa base.

Dessous du corps d'un roux brillant. *Dessous de la tête* très convexe, creusé sur le milieu de sa base d'une fossette lanciforme profonde. *Ventre* subdéprimé, longuement sétosellé, inégal, plus ou moins fortement mamelonné. *Pseudopode* presque carré, formé par un tube un peu aplati, plus ou moins infléchi, rarement visible de dessus, largement tronqué au sommet, à ouverture hérissée de longues soies épineuses.

Pieds assez développés, d'un roux livide. *Hanches* grandes allongées, subcomprimées, longuement et éparsement sétosellées. *Trochanters* en onglet suballongé, éparsement sétosellés. *Cuisses* robustes, en massue obliquement tronquée au sommet, angulairement renflées à leur base en dessous, éparsement épineuses sur leur tranche inférieure. *Tibias* beaucoup plus courts, en cône tronqué, hérissés de fortes épines en dehors. *Ongles* épais, non soudés aux tibias, hérissés de fortes épines en dessus, terminés par 2 forts crochets subarqués, dont l'intérieur plus court.

Obs. Cette larve se trouve, en juin, dans les lieux sablonneux, un peu vaseux, où elle se creuse une galerie verticale assez profonde. Elle a les mêmes mœurs et habitudes que ses congénères. Elle ne diffère de, larves connues du même genre que par une taille moindre, une forme plus étranglée au milieu, une couleur plus obscure et un prothorax moins court.

---

(1) Ces crochets servent à la larve à se tenir cramponnée près de l'entrée de son trou qui est vertical.

TRIBU DES CARABIQUES

Les larves de cette nombreuse tribu, essentiellement carnassières (1) ainsi que celles des *Cicindélides*, affectent des formes bien diverses suivant les tribus et les genres. Celles des grosses espèces, du genre *Carabus* par exemple, ont le corps plus ou moins épais, avec le 9e segment abdominal armé au sommet de 2 crochets solides. Les autres, d'une forme généralement plus étroite et plus linéaire et parfois atténuée en arrière, se distinguent par les longs et grêles styles subarticulés de leur 9e segment abdominal. Malgré leur diversité, elles sont toutefois faciles à reconnaître à leur tête grande, plus ou moins impressionnée ou subexcavée à la partie antérieure du front, et surtout à leurs mâchoires pourvues chacune de 2 palpes articulés au lieu d'un seul, conformation tout à fait en rapport avec leurs habitudes carnassières.

On peut, parmi ces larves, du moins celles que j'ai vues, établir 2 groupes principaux, savoir : 1° celles à 9e segment abdominal armé de 2 forts crochets.

2° Celles à 9e segment abdominal pourvu de 2 longs styles grêles subarticulés ou au moins noueux.

Dans le 1er groupe, on reconnaît 2 formes : une forme large et épaisse à prothorax transverse et rétréci en avant, et une forme étroite, sublinéaire, à prothorax carré et subcylindrique.

Dans le 2e groupe, l'on constate également une forme trapue, large en avant et fortement rétrécie en arrière, et une forme allongée et sublinéaire avec la tête tantôt plus large, tantôt aussi large, parfois moins large que le prothorax qui est ou abaissé ou relevé sur les côtés. Dans ces 2 formes, on trouve des colorations noires et d'autres testacées. Bref, on pourrait, dans cette nombreuse famille, créer autant de subdivisions qu'il y a de tribus (*Carabites, Scaritites, Brachinites, Chlénites,* etc.).

Les larves décrites des Carabides sont assez nombreuses (environ 80). Il serait trop long d'en rapporter ici les noms. Les descriptions qui les concernent se trouvent dispersées dans une foule d'auteurs, entre autres

(1) Il existe toutefois de rares exceptions, telles sont, par exemple, les larves des *Broscus cephalotes, Zabrus gibbus, Amara trivialis, striatopunctata* et quelques autres, qui seraient nuisibles aux Céréales, d'après les observations de Nicolaï, Zimmerman et Audouin.

dans Degeer, Sturm, Blisson, Ratzebourg, Erichson, Lucas, Letzner, Heer, Goedart, Coquerel, Latreille, Chapuis et Candèze, Andouin et Brullé, Zimmerman, Fairmaire et Westwood, etc., et surtout dans Schiœdte, qui a fait connaître les métamorphoses d'un grand nombre d'entre elles dans son journal d'Histoire naturelle (Nat. Tidsskr., t. IX, 3ᵉ part., 1867, p. 425-539, pl. XII-XXII). — J'y ajouterai deux espèces inédites, savoir:

Larve du **Carabus vagans**, Olivier.

Long. 25-30 mill. *Corps* hexapode, assez large, suballongé, plus ou moins arqué sur les côtés et rétréci aux deux bouts; fortement convexe; d'un noir profond plus ou moins brillant; glabre, plus ou moins chagriné, parcouru sur le dos par une fine ligne longitudinale enfoncée.

Tête subtransverse, un peu moins large que le devant du prothorax, d'un noir assez brillant, plus ou moins ridée. *Épistome* sinué au milieu de son bord antérieur, avec le fond du sinus armé d'une forte dent avancée, angulaire et assez aiguë. *Labre* caché. *Mandibules* fortes, saillantes, falciformes, acérées, noires, coudées à leur base, surmontées d'une arête supérieure, armées en dedans d'une épaisse dent basilaire. *Mâchoires* épaisses, oblongues, subcylindriques, portant 2 palpes maxillaires d'un roux de poix; l'interne court, à 1ᵉʳ article oblong, épais, subcylindrique: le 2ᵉ à peine moins long, bien plus étroit, subatténué, mousse au bout; l'externe bien plus développé, de 4 articles: le 1ᵉʳ assez court, épais: le 2ᵉ suballongé, assez épais, subélargi et tronqué au sommet: le 3ᵉ de même forme, mais à peine plus court et un peu plus étroit: le dernier plus grêle, à peine plus court, subatténué et mousse au bout. *Languette* courte, subscutiforme, rétrécie en arrière, prolongée en avant dans son milieu en pointe sillonnée et relevée. *Palpes labiaux* épais, de 2 articles: le 1ᵉʳ oblong, en massue tronquée: le 2ᵉ aussi long mais un peu moins épais, subélargi et tronqué au bout, avec la troncature bicupulée.

Yeux situés sur un mamelon latéral, transversal, oblong; composés chacun de 6 ocelles semiglobuleux, plus ou moins vitreux, disposés suivant 2 rangées transversales, subparallèles.

Antennes insérées dans une cavité au devant du groupe ocellaire; de 4 articles: le 1ᵉʳ assez court, suboblong: le 2ᵉ suballongé, un peu plus étroit, à peine en massue: le 3ᵉ une fois plus court, plus étroit, obconique : le dernier aussi long mais plus grêle, à peine atténué et terminé par 2 petites soies.

Prothorax subtranverse, plus étroit en avant, tronqué au sommet, fortement rebordé et presque rectiligne sur les côtés, largement et obtusément arrondi à la base ; convexe en arrière, subdéprimé antérieurement, subimpressionné-fovéolé de chaque côté de la ligne médiane, qui est creusée d'un fin canal longitudinal, prolongé sur tous les segments suivants, excepté sur le dernier ; chagriné ou obsolètement ruguleux ; d'un noir profond, assez brillant.

Mésothorax et *métathorax* très courts, subégaux, aussi longs, pris ensemble, que le prothorax ; graduellement subélargis en arrière, assez fortement rebordés latéralement, très largement tronqués à leur bord postérieur, faiblement impressionnés de chaque côté sur leur disque ; chagrinés ou obsolètement ruguleux ; d'un noir assez brillant.

Abdomen ovale-oblong, plus ou moins arrondi latéralement et subrétréci postérieurement, d'un noir profond et brillant ; composé de 9 segments assez fortement rebordés sur les côtés. *Les 8 premiers* très courts mais graduellement un peu moins courts ; largement et carrément échancrés à leur bord postérieur, avec les lobes de l'échancrure en forme de large oreillette déjetée en arrière ; très fortement mais graduellement moins convexes, largement subimpressionnés sur les côtés ; finement ridés-chagrinés en travers. *Le 9e* un peu plus étroit et plus court que le précédent, aspèrement granuleux ; moins convexe, à peine excavé sur son milieu, largement subéchancré à son bord apical avec les angles postéro-externes submucronés ; armé au sommet de 2 forts crochets subdivergents, acérés, recourbés en l'air et munis eux-mêmes en dessus, vers leur milieu, d'une forte épine acérée et ayant la même direction.

Dessous du corps brillant, glabre. *Dessous de la tête* d'un noir de poix, convexe, lisse ; creusé d'un sillon longitudinal profond et subfovéolé dans son milieu. *Ventre* roux, paré sur les côtés de 2 ou 3 séries de mamelons noirâtres, oblongs, situés en dedans des stigmates qui sont bien distincts et ombiliqués. *Mamelon anal* en forme de tube large, court, conique et largement tronqué.

Pieds assez développés, noirs. *Hanches* grandes, obliquement couchées, excavées en dehors pour recevoir les cuisses. *Trochanters* en onglet, épineux en dessous, munis au sommet d'une longue soie. *Cuisses* oblongues, épaisses, en massue subcomprimée et tronquée, fortement épineuses en dessous et à leur troncature. *Tibias* de même forme, mais plus courts, épineux de même. *Onglés* épais, fortement épineux en dessous et au sommet, terminés par deux crochets robustes acérés, à peine arqués, infléchis, un peu roussâtres.

Obs. J'ai trouvé cette larve à Saint-Raphaël (Var), sous les pierres, avec l'insecte parfait. Elle ressemble beaucoup à celle des autres espèces du genre *Carabus* et surtout à celle du *C. nemoralis*. Seulement, celle-ci est un peu plus lisse et plus luisante, avec le ventre noir. Elle diffère de celle du *Procrustes coriaceus* par sa taille moindre et par le front sans tubercule sensible vers le côté interne des groupes ocellaires.

Les larves du genre *Carabus* ont la plus grande analogie entre elles. Elles diffèrent généralement par la forme qui est plus ou moins ovale-oblongue, rarement subparallèle ; par la couleur du ventre et des parties de la bouche ; par les impressions de la tête et la dent de l'épistome, et surtout par les crochets du dernier segment abdominal, qui sont plus ou moins forts, plus ou moins redressés, plus ou moins divergents et plus ou moins acérés, avec la dent épineuse qui les surmonte, plus ou moins rapprochée de la base, plus ou moins longue, parfois accompagnée d'une dent semblable. Elles ont 6 palpes, ainsi que l'insecte parfait et presque toutes celles de la même famille.

LARVE SUPPOSÉE DU **Bembidium nitidulum**, Marsh.

Long. 5-6 mill. — *Corps* hexapode, allongé, un peu atténué en arrière, assez convexe, presque glabre ou éparsement sétosellé, finement alutacé, d'un noir un peu brillant, avec les parties de la bouche, les côtés et le dessous de la tête et les pieds d'un testacé pâle et livide.

Tête grande, transverse, un peu moins large que le prothorax, arcuément impressionnée ou subexcavée en avant avec trois petites protubérances sur le bord antérieur de l'épistome ; finement alutacée, éparsement et longuement sétosellée latéralement ; d'un noir un peu brillant, à côtés largement d'un testacé pâle et livide en arrière des antennes. *Mandibules* très saillantes, falciformes, arquées, armées d'une forte dent recourbée en arrière, près de la base de leur tranche interne ; pâles à extrémité graduellement plus foncée. *Mâchoires* très allongées, *labre* subcordiforme, pâles ainsi que les palpes, les *maxillaires* parfois rembrunis.

Yeux formés d'un groupe d'environ 5 ocelles plus ou moins réunis et brunâtres

Antennes assez développées, pâles ou parfois plus ou moins rembrunies, de 4 articles : le 1ᵉʳ suballongé, cylindrique : le 2ᵉ un peu plus court, obconique : le 3ᵉ irrégulier, offrant un coude ou protubérance vers le milieu de son côté externe : le dernier plus étroit, un peu en massue, terminé par un petit appendice très court et 3 longues soies.

Prothorax grand, en carré substransverse et à peine rétréci en avant, où il offre, ainsi qu'à la base, un large repli plus ou moins aplati ; assez convexe ; finement alutacé, très finement canaliculé sur sa ligne médiane ; d'un noir un peu brillant, avec quelques longues soies sur les côtés.

Mésothorax et *métathorax* assez courts, subégaux, subarqués et éparsement sétosellés latéralement, sillonnés sur leur ligne médiane, d'un noir un peu brillant, très finement alutacés.

Abdomen assez allongé, peu convexe, subatténué en arrière, de 9 segments. Les 8 premiers courts, subégaux, subétranglés à leurs intersections, subcomprimés ou impressionnés sur les côtés, d'un noir peu brilant, parés à leurs bords postérieurs et latéraux de quelques courtes soies rigides. Les 2 ou 3 premiers subsillonnés sur leur milieu. Le 9ᵉ plus étroit, d'un testacé livide, muni de 2 très longs styles subdivergents, pâles, noueux ou subarticulés avec une longue soie à chaque nœud et 2 soies plus longues et divergentes à l'extrémité.

Dessous du corps d'un brun livide, assez brillant, avec le dessous de la tête plus pâle. *Ventre* offrant des séries transversales irrégulières de mamelons ombiliqués et sétigères. *Pseudopode* assez prolongé, livide, en cône tronqué.

Pieds courts, assez épais, d'un testacé livide. *Hanches* grandes, obliquement couchées. *Trochanters* assez grands, en onglet, pourvus en dessous de quelques soies courtes et subépineuses. *Cuisses* suballongées en massue, tronquée, hispido-sétosellées à leur tranche inférieure. *Tibias* plus courts, obconiques, éparsement sétosellés au bout. *Ongles* plus longs, que les tibias, atténués, terminés par deux petits crochets grêles et subégaux.

Obs. J'ai plusieurs fois rencontré cette larve sous les pierres, au bord de l'eau, en compagnie de l'insecte parfait. Toutefois je ne la décris que sous toute réserve.

Elle varie pour la couleur suivant l'âge. Ainsi, les styles ou appendices terminaux de l'abdomen, les antennes et les palpes sont parfois plus ou moins rembrunis. Quelquefois le vertex est obsolètement ponctué et bisillonné.

Une espèce, bien voisine et appartenant sans doute au même genre, est plus convexe, d'un noir plus profond, avec l'abdomen entièrement canaliculé sur sa ligne médiane et les styles terminaux noirs et à 1ᵉʳ article moins allongé.

TRIBUS DES HYDROCANTHARES, PALPICORNES

Je passe, pour ainsi dire, sous silence, les larves d'Hydrocanthares, Gyriniens et Palpicornes, sur lesquelles j'ai très peu de notions nouvelles, et je renvoie pour ces familles à l'excellent travail de Schioedte (Nat. Tidss., t. I, 2ᵉ part., 1862, p. 209-221, et t. III, 1ᵉ part., 1864, p. 154-185).

On connaît une vingtaine de larves d'Hydrocanthares et environ autant de larves de Palpicornes (Sturm, Letzner, E. Cussac, Chapuis et Candèze, Westwood, Mulsant, etc). Quant aux Gyriniens, on n'en a signalé que deux (Chapuis et Candèze, Griesbach). Celles-ci sont remarquables par les longs appendices ciliés que présentent les côtés de l'abdomen.

J'ajoute ici la description d'une nouvelle espèce de larve de Palpicornes :

LARVE DU **Calobius quadricollis**, Mulsant.

Long. 1 1/2 mill. — *Corps* hexapode, suballongé, convexe, éparsement sétosellé, d'un noir de poix brillant.

Tête en hémicycle, un peu inclinée, un peu moins large que le prothorax, peu convexe, obliquement biimpressionnée sur le vertex. *Épistome* largement tronqué au sommet, séparé du front par une fine arête transversale. *Labre* profondément entaillé dans son milieu. *Mandibules* courtes, arquées, d'un roux de poix. *Palpes* testacés, à dernier article atténué.

Yeux très petits, peu distincts.

Antennes courtes, brunâtres, de 4 articles : le 1ᵉʳ peu distinct, rétractile : le 2ᵉ court : le 3ᵉ plus long, à peine en massue, plus pâle à sa base : le dernier court, aciculé.

Prothorax transverse, obsolètement chagriné, très finement canaliculé sur sa ligne médiane, subarqué sur les côtés.

Mésothorax et *métathorax* plus courts, subégaux, subdilatés sur les côtés, avec les angles postérieurs parfois pâles et transparents.

Abdomen convexe, suballongé, de 9 segments plus ou moins fortement étranglés à leurs intersections ; assez brusquement rétréci en arrière dès le sommet du 5e. Les huit premiers plus ou moins impressionnés et mamelonnés sur les côtés. Le dernier plus étroit et plus court, muni au sommet de 2 appendices ou styles relativement assez épais, un peu inclinés, rapprochés, coniques, biciliés au bout.

Dessous du corps d'un brun de poix livide, éparsement sétosellé, à flancs parfois plus pâles. *Ventre* longitudinalement excavé sur les côtés.

Pieds assez courts, à peine ciliés, d'un testacé livide avec les cuisses rembrunies. *Hanches* médiocres, obliquement couchées. *Trochanters* en onglet. *Cuisses* allongées, subcylindriques. *Tibias* presque aussi longs, mais plus grêles et subatténués au bout, terminés par un très petit onglet infléchi.

Obs. J'ai trouvé cette larve, en janvier, à Menton, avec l'insecte parfait, dans les creux de rochers où arrive l'eau salée pendant la grosse mer.

Elle ressemble beaucoup à la larve de l'*Ochthobius Lejolisi*. Elle est d'une couleur plus foncée et plus uniforme, sans vestiges de raies pâles sur la tête et le prothorax. Les sillons frontaux, plus obliques, forment par leur réunion une espèce de chevron plutôt qu'une impression transversale. L'abdomen est moins graduellement atténué en arrière, etc.

Elle se tient fortement cramponnée aux roches, au point qu'il faut agiter violemment l'eau pour l'en arracher.

TRIBU DES BRÉVIPENNES

Les larves des Brévipennes ou Staphylinides ont beaucoup d'analogie avec celles des Carabiques. Elles s'en distinguent, de prime abord, chez les grandes espèces, par leur tête ordinairement plus grosse, leur front non excavé antérieurement et surtout par leurs mâchoires ne portant qu'un seul palpe au lieu de deux, l'interne étant simplement remplacé par une espèce d'onglet plus ou moins développé ; ou bien, si l'on envisage cet onglet comme un palpe maxillaire interne, il faut reconnaître celui-ci comme formé d'un article unique, tandis qu'il en comporte évidemment et généralement 2 chez les Carabiques.

Les descriptions des larves et métamorphoses des Brévipennes se trouvent dispersées dans une foule d'ouvrages, dont je ne citerai que les principaux auteurs, savoir : Bouché (1834), Chapuis et Candèze (Cat., 1853, p. 56-63, pl. II, fig. 1-2), Erichson, Heeger, Henslow, Mulsant et Rey (passim), Perris (Ann. Soc. Ent. Fr., 1853, p. 557-586, fig. 1-58), Ratzebourg (1839), Schiœdte (Nat. Tidss., t. III, 1e part. 1864, p. 193-214, pl. X-XII), Stroëm, Thomson, Waterhouse et Westwood, etc.

Ces larves, comme celles d'un grand nombre de Carabiques, ont leur dernier segment abdominal pourvu de 2 styles ou appendices articulés, tantôt plus longs, tantôt moins longs que le pseudopode ambulatoire qui lui-même est plus ou moins saillant. Malgré les rapports qui les unissent, elles varient néanmoins suivant les diverses familles. Je vais essayer d'en faire saisir les modifications successives (1).

FAMILLE DES STAPHYLINIENS

Les larves des Staphyliniens ont le plus souvent la tête grosse, le pseudopode plus ou moins développé, les appendices abdominaux allongés, grêles, subparallèles ou divergents. Elles varient un peu pour la forme, suivant les genres. Ainsi, par exemple, elles sont assez trapues, avec l'abdomen assez court et atténué postérieurement dans le genre *Staphylinus*; plus allongées, avec l'abdomen plus long et moins conique dans le genre *Ocypus;* plus arquées sur les côtés dans le genre *Tasgius*, à prothorax parfois étranglé derrière la tête qui est rétrécie en arrière. Dans le genre *Philonthus*, la tête est moins grande, un peu moins carrée, subovalaire ou même suboblongue; le prothorax est quelquefois un peu rétréci en avant où il paraît alors subétranglé à son insertion avec la tête; l'abdomen, assez allongé, est souvent subarqué sur les côtés.

Quant aux larves des Quédiaires, elles ont beaucoup d'analogie avec celles des Staphylinaires, soit pour la forme générale, soit pour la grosseur de la tête et soit pour les appendices du dernier segment abdominal, et ce sont là les raisons de similitude qui m'ont déterminé à réunir ces deux rameaux dans une même famille les STAPHYLINIENS, tandis que les

---

(1) Les larves des Brévipennes, plus que toute autre, font assez pressentir la forme de l'insecte parfait.

catalogues en font deux familles séparées (1). Comme presque partout, on constate, parmi les larves, des Quédiaires, plusieurs catégories. Ainsi celles des *Quedius fulgidus, mesomelinus, cinctus* et autres ont la tête grosse et la forme trapue de celles des vrais *Staphylinus ;* celles des *Q. tristis, fuliginosus* et *molochinus* ont le corps épais, plus parallèle, avec la tête de la longueur du prothorax et les appendices abdominaux grêles et très longs; celles des *Q. rufipes, semiobscurus, oblitteratus* et autres ont l'abdomen plus élargi et souvent arqué sur les côtés. Ces 3 catégories principales justifient complètement, à mes yeux, le démembrement de l'ancien genre *Quedius*, par Thomson, en 3 coupes génériques distinctes, *Microsaurus, Quedius* et *Raphirus* et confirment une fois de plus, cette vérité pratiquée avec succès pour les Lépidoptères et proclamée souvent par Perris relativement au secours et au contrôle que l'étude des larves peut apporter dans la classification des Insectes parfaits (p. 249).

Une vingtaine d'espèces de larves de Staphyliniens sont connues aujourd'hui. Je vais en ajouter quelques-unes, non encore publiées, à ma connaissance.

LARVE DE L'**Ocypus similis**, F.

Cette larve est si voisine de celle de l'*Ocypus cyaneus*, que je me bornerai à en faire ressortir les légères différences. Elle est moindre, avec la tête et l'abdomen plus obscurs. Les antennes sont un peu plus courtes et à 3e article un peu moins long et un peu moins épais. Le pseudopode ambulatoire, moins cylindrique, est légèrement rétréci vers sa base, etc.

Ons. Elle se prend sous les pierres, avec l'insecte parfait.

LARVE DU **Philonthus discoideus**, Gr.

Long. 5-6 mill. — *Corps* hexapode, allongé, un peu plus étroit en arrière, peu convexe, d'un roux de poix brillant, plus pâle et presque mat sur l'abdomen; assez longuement sétosellé.

Tête peu inclinée, en carré à peine plus long que large et à peine plus étroit en arrière, un peu plus large que le prothorax; peu convexe; éparsement sétosellée, obsolètement ridée en travers; d'un roux de poix

(1) Les dents de l'épistome sont généralement plus saillantes et plus aiguës, avec les deux médianes souvent plus avancées.

subtestacé brillant. *Front* marqué sur son milieu d'une très fine ligne longitudinale et creusé en avant de 2 sillons parallèles, enclosant entre eux un espace subcarré un peu plus obscur et subruguleux. *Épistome* 4-denté. *Labre* caché. *Mandibules* arquées, falciformes. *Palpes maxillaires* testacés, de 3 articles graduellement plus étroits; les deux premiers subégaux; le dernier plus court, grêle, linéaire. *Palpes labiaux* très petits.

Yeux petits, peu distincts, brunâtres.

Antennes courtes, pâles, de 4 articles : le 1er très court, en forme de bourrelet : le 2e suballongé, subélargi au sommet : le 3e plus court et un peu plus épais, tronqué au bout, paré de chaque côté, après son milieu, d'une soie redressée : le dernier plus court, bien plus étroit, obconique, inséré sur le côté externe de la troncature du précédent, tronqué et terminé par 3 soies dont la médiane plus courte et moins apparente, accompagné au côté interne d'un autre petit article supplémentaire.

Prothorax en carré suboblong, subsemicylindrique, tronqué au sommet et à la base; rebordé sur celle-ci; assez convexe; éparsement sétosellé, lisse; d'un roux de poix subtestacé brillant.

Mésothorax et *métathorax* courts, à peine aussi longs, pris ensemble, que le prothorax, graduellement subélargis simultanément en arrière; rebordés à leur base; assez convexes; éparsement sétosellés, lisses; d'un roux de poix subtestacé brillant : Le premier subrectiligne, le deuxième à peine arqué sur les côtés.

Abdomen de la longueur de l'avant-corps, sensiblement atténué en arrière après son milieu; subdéprimé; d'un testacé pâle et presque mat; de 9 segments. *Les 7 premiers* courts, subégaux, longitudinalement sillonnés sur leur ligne médiane, légèrement cicatrisés sur les côtés; assez fortement sétosellés, avec les soies médiocres, tronquées (1), entremêlées de soies bien plus longues. *Le 8e* un peu plus étroit et un peu moins court, moins sétosellé, en cône tronqué. *Le 9e* un peu plus étroit, éparsement sétosellé, en cône court et tronqué; muni de 2 appendices allongés, épais, subcylindriques, subparallèles ou peu divergents, brusquement et brièvement atténués et subtronqués au bout, d'où ils émettent un 2e article de moitié moins long, très grêle, terminé par une petite et courte soie.

Dessous du corps pâle, assez fortement sétosellé. *Ventre* déprimé, très

(1) Souvent, soit dans le genre *Quedius*, soit dans le genre *Philonthus*, les soies de la partie postérieure sont tronquées ou même spatulées, parfois aussi en raquette ciliée.

inégal. *Pseudopode* long, subcylindrique, un peu atténué en arrière et tronqué au bout, très éparsement sétosellé, d'une couleur un peu plus foncée que le reste du corps, plus prolongé que le 1er article des appendices abdominaux et un peu moins que le 2º.

Pieds médiocres, pâles. *Hanches* coniques. *Cuisses* plus longues, en massue allongée, fortement épineuses en dessous. *Tibias* plus courts et plus étroits, épineux, subatténués vers leur extrémité et terminés par un crochet solide, presque droit, acéré, biépineux après sa base.

Obs. Cette larve se prend au printemps, dans le terreau, avec l'insecte parfait. Elle ressemble à celle du *Philonthus ventralis ;* mais elle est moindre. La tête est plus carrée et les angles postérieurs moins effacés ; les antennes sont moins épaisses ; le 2º article des appendices abdominaux est plus long et plus grêle, à soie terminale plus courte, etc. (1)

LARVE DU **Philonthus debilis**, Gravenhorst.

Long. 3-4 mill. — De la forme et de la couleur de la plupart des larves de *Philonthus*. *Tête* en carré à peine plus long que large et arrondi aux angles. *Prothorax* un peu plus étroit en avant qu'en arrière. *Abdomen* subparallèle, subarcuément rétréci en arrière. *Le 1er article des appendices* allongé, assez épais : le 2º très grêle, fortement déjeté en dehors, terminé par une longue soie. *Pseudopode* en tube allongé, à peine plus long que le 1er article des appendices.

Obs. Je n'en donne pas une description plus longue et je me borne à faire ressortir les différences qui la distinguent de la larve du *Philonthus nigritulus*, décrite par Schioedte (Nat. Tid., 1864, p. 200). La tête est un peu moins oblongue, le prothorax moins long et moins rétréci antérieurement, l'abdomen un peu moins large et le 1er article des appendices ou styles terminaux sensiblement moins prolongé que le pseudopode ambulatoire, etc.

LARVE SUPPOSÉE DU **Pseudidus filum**, Kiesenwetter.

Long. 3 1/2 mill. — *Corps* hexapode, très allongé, atténué en avant et en arrière, éparsement sétosellé, d'un testacé livide et brillant.

---

(1) La larve décrite, comme douteuse, par Mulsant et Rey (Steph. 1877, p. 289, pl. V, fig. 28), appartient évidemment au genre *Xantholinus*. Quant aux larves douteuses des *fimetarius, sordidus* et *fumigatus,* j'ai eu lieu de les confirmer.

Tête petite, en ovale court, testacée, brillante, presque lisse. *Épistome* obtusément tronqué au sommet. *Mandibules* assez saillantes, arquées, armées intérieurement d'une petite dent avant leur pointe qui est acérée. *Parties de la bouche* pâles.

Yeux peu distincts.

Antennes assez longues, pâles, de 4 articles : le 1er rudimentaire, rétractile : le 2e court : le 3e plus long et épais, obconique, obliquement coupé au sommet : le dernier court, plus étroit, terminé par 2 petites soies, accompagné à sa base d'un petit article supplémentaire, bien distinct, inséré en dedans de la troncature du 3e.

Prothorax en carré suboblong et un peu rétréci en avant, lisse.

Mésothorax et *métathorax* courts, subélargis en arrière, lisses.

Abdomen allongé, un peu moins pâle, déprimé, subatténué en arrière, de 9 segments subétranglés à leurs intersections, à peine cicatrisés sur les côtés, lisses ou presque lisses sur le dos. Le 9e plus étroit, très court, plus pâle, muni de 2 longs appendices écartés, parallèles, articulés, à 1er article très allongé, atténué, paré avant l'extrémité de 2 ou 3 longs cils : le 2e plus étroit, grêle, de moitié plus court, terminé par une très longue soie à peine déjetée en dehors.

Dessous du corps d'un testacé pâle et livide. *Ventre* cicatrisé sur les côtés. *Pseudopode* subcylindrique, bien moins prolongé que le 1er article des appendices.

Pieds médiocres, pâles, éparsement subhispido-sétosellés. *Hanches* assez grandes. *Cuisses* allongées, subcylindriques. *Tibias* plus étroits, atténués, terminés par un crochet assez long, grêle, acéré.

Obs. Je ne donne cette larve que sous toute réserve. Je l'ai trouvée parmi les Algues avec l'insecte parfait. Elle a la tournure des larves d'*Hetero·thops*, mais elle est plus déprimée, plus atténuée aux deux bouts, la tête est moindre et les styles abdominaux sont bien plus développés, etc.

Je m'abstiens de décrire la larve de l'*Orthidus cribratus* qui, avec la tête et le prothorax d'une larve de *Xantholinus*, a l'abdomen absolument conformé comme celui d'une larve de *Philonthus*. La larve supposée du *Cafius* ressemble beaucoup à une larve de *Xantholinus*, seulement l'abdomen est moins étroit et moins atténué en arrière.

A propos du genre *Philonthus*, on peut établir, dans la classification de leurs larves, 2 catégories bien distinctes :

1° Celles à 1er article des appendices abdominaux moins long que le pseudopode ambulatoire ;

2° Celles à 1ᵉʳ article des appendices abdominaux plus long que le pseudopode ambulatoire.

Il est à noter que dans la première de ces catégories, les larves des espèces à prothorax subparallèles, telles que *fimetarius* et *sordidus* (1), ont quelque analogie avec celles des *Xantholiniens*, et comme celles-ci, elles ont à la fois la tête plus oblongue et plus parallèle. Ces 2 espèces, pour se conformer à une distribution logique, devraient donc marcher à côté du sous-genre *Gabrius* de Stephens, non loin du genre *Cafius* du même auteur et des genres *Hesperus* et *Actobius* de Fauvel.

D'après la larve supposée de l'*Orthidus cribratus*, cette espèce, ainsi que nous l'avons fait, doit être retranchée du genre *Cafius*. Quant à celle du *Cafius cicatricosus*, elle a la plus grande analogie avec les larves des *Xantholiniens*, et, logiquement, ce genre devrait précéder immédiatement cette dernière famille. Du reste, elle a, ainsi que l'insecte parfait, l'habitude de se contourner en spirale à l'état de repos, de même que les *Xantholiniens*. Sans nul doute, le genre *Actobius* qui a la même manière de se comporter, doit présenter des larves analogues.

Les larves des Quédiaires, comme je l'ai déjà dit, ont le corps souvent atténué en arrière dans les vrais *Quedius*, subcylindrique dans le sous-genre *Microsaurus*, et plus ou moins arqué et subélargi sur les côtés de l'abdomen dans le sous-genre *Raphirus*, avec les styles abdominaux, tantôt plus longs, tantôt moins longs que le pseudopode ambulatoire.

La larve supposée du *Quedius oblitteratus* ressemble à celle du *Q. rufipes*. Seulement, la taille est moindre et la tête moins rétrécie en arrière; l'abdomen, plus court, est atténué postérieurement. Celle de *Q. boops* serait moindre, un peu plus pâle, avec la tête encore bien moins rétrécie postérieurement que chez *Q. oblitteratus* et même que chez *Q. rufipes*. Pour en finir avec les Staphyliniens, je donne ici la description succincte d'une nouvelle larve d'*Heterothops :*

LARVE DE L'**Heterothops binotata**, Erichson.

Cette larve ressemble tellement à celle de l'*H. prævia*, Er., que nous avons publiée Mulsant et moi (Staph., 1877, p. 672), qu'il suffira d'en faire ressortir les différences. Elle est un peu plus grande, plus fortement sétosellée et d'une couleur moins pâle. Les derniers segments de l'abdomen sont encore plus étranglés à leurs intersections, avec le

9° moins court et plus étroit, à 1ᵉʳ article des appendices plus épais, le 2ᵉ terminé par une soie plus longue, etc.

Obs. Cette larve se trouve en hiver, parmi les Algues, avec l'insecte parfait ; l'espèce est propre aux eaux saumâtres.

La nymphe est pâle ou d'un blanc jaunâtre, dépourvue de soies, excepté à l'abdomen qui en offre une petite vers le milieu des côtés de chaque segment, avec le dernier terminé par 2 dents déprimées, très aiguës et sétifères (1).

FAMILLE DES XANTHOLINIENS

Les larves des Xantholiniens viennent de nouveau confirmer cette famille, créée par Thomson aux dépens des Staphyliniens. Elles se distinguent par une forme plus étroite et plus linéaire, par la tête plus oblongue et, surtout, par les appendices abdominaux beaucoup plus rapprochés à leur base et plus déjetés en dehors, à 1ᵉʳ article bien moins long et le pseudopode relativement plus court et plus épais. Elles ont beaucoup d'affinité entre elles ; seulement, chez les *Leptacinus*, le 1ᵉʳ article des appendices abdominaux est encore plus court ; mais je ne crois pas devoir y établir des catégories distinctes, tant elles ont d'homogénéité, ce qui rend cette famille plus naturelle.

Je vais donner ici la description abrégée de 3 larves nouvelles de Xantholiniens et la définition complète d'une 4°.

LARVE DU **Gauropterus fulgidus**, Fabricius.

Cette larve ressemble infiniment à celle du *Xantholinus tricolor*, F ; seulement, la tête est comme subéchancrée sur les côtés et subdilatée à ses angles postérieurs qui sont, par là, plus prononcés. Le 1ᵉʳ article des appendices abdominaux est encore plus court. La forme générale est à peu près la même et la couleur d'un roux plus foncé sur la tête et le devant du prothorax.

Obs. Cette larve se prend en hiver et au printemps, au gros soleil, sous les pierres et les détritus.

(1) Les nymphes des Staphyliniens et Xantholiniens rappellent un peu celles des Mordelles ; seulement celles-ci présentent la pointe terminale du pygidium de l'insecte parfait, au lieu que celles-là sont bimucronées au sommet.

Larve supposée du **Xantholinus glabratus**, Gravenhorst.

Long. 9-12. — *Corps* hexapode, allongé, sublinéaire, convexe, presque lisse, fortement sétosellé, d'un noir de poix luisant, avec l'abdomen moins foncé, la bouche, les antennes, les pieds, le segment anal, le mésothorax et le métathorax pâles ou testacés.

Tête grande, en carré suboblong et arrondi aux angles, subparallèle sur les côtés, évidemment plus large que le prothorax, subconvexe, d'un noir de poix luisant, presque lisse, avec une faible impression et quelques rides antérieurement, celles-ci enclosant un espace circulaire plus lisse. *Épistome* multidenté en 3 groupes : les deux externes de 4 dents subégales; le médian à 3 dents dont l'intermédiaire plus courte. *Parties de la bouche* testacées. *Palpes* à dernier article étroit, grêle, terminé par une longue soie raide.

Yeux peu distincts, peu saillants, indiqués seulement par une faible éminence lisse, plus pâle ou même blanchâtre.

Antennes médiocres, testacées, de 4 articles : le 1er rudimentaire, pâle : le 2e allongé, subcylindrique ou à peine épaissi en massue subarquée : le 3e moins long, plus étroit, un peu en massue, avec 2 ou 3 cils près de son sommet : le 4e un peu moins long, mais bien plus grêle, subépaissi vers son extrémité et terminé par 3 longues soies, accompagné à sa base d'un très petit article supplémentaire, brunâtre.

Prothorax subcarré, à peine plus long que large, subparallèle, convexe, presque lisse, d'un noir de poix luisant; marqué sur sa ligne médiane d'un canal très fin, souvent plus ou moins prolongé sur la tête ; offrant de très fines et courtes strioles longitudinales à son bord antérieur qui est un peu roussâtre, et, en arrière de celui-ci, quelques rides transversales, obsolètes.

Mésothorax et *métathorax* courts, subégaux, convexes, d'un testacé pâle et luisant.

Abdomen allongé, à peine plus étroit à sa base que le métathorax, subatténué en arrière, peu convexe, profondément sillonné sur sa ligne médiane, excepté sur le dernier segment ; plus fortement sétosellé que le reste du corps, d'un brun de poix brillant ; de 9 segments. Le 1er très court, moins fortement sillonné; les suivants courts, subégaux, plus ou moins arrondis latéralement, subimpressionnés et obsolètement cicatrisés sur les côtés. Le dernier en ogive obtuse ou subtronquée, plus étroit que le précédent, assez convexe, lisse, testacé à côtés rembrunis; muni au sommet de 2 appendices courts, testacés, articulés et très divergents; à 1er article épais, suballongé, subcylindrique et cilié vers son extrémité : le 2e plus court, bien plus grêle et terminé par une longue soie, accompagnée à sa base de 2 cils très courts.

Dessous du corps fortement sétosellé, testacé, excepté le dessous de la tête et l'antépectus qui sont d'un noir de poix. *Ventre* très inégal, plus ou moins sillonné ou mamelonné. *Pseudopode* assez épais, peu allongé, tubuleux, à peine aussi long que les 2 premiers articles réunis des appendices, cilié dans le pourtour de son sommet.

Pieds suballongés, testacés, fortement épineux. *Hanches* grandes, coniques, couchées. *Trochanters* assez grands, en onglet. *Cuisses* allongées, subcomprimées. *Tibias* un peu plus étroits, plus fortement épineux, à peine atténués, terminés par un fort crochet à peine arqué, très acéré, subinfléchi et muni en dessous d'un cil subépineux.

Obs. Cette larve a été trouvée sous les pierres, avec l'insecte parfait, aux environs de Menton. Elle diffère de la larve du *X. tricolor* par sa forme moins allongée, par sa couleur plus foncée et par sa tête et son prothorax moins oblongs, etc.

Larve du **Xantholinus longiventris**, Heer.

Plusieurs auteurs réunissent le *X. longiventris*, Heer, au *X. linearis*, Gr. Leurs larves ont, en effet, beaucoup de ressemblance. Je constate toutefois que celle du *X. longiventris* a la taille un peu plus forte, la tête et le prothorax presque toujours d'un brun châtain, avec celui-ci moins cylindrique, plus élargi en avant et moins rétréci en arrière, et le 1er article des appendices abdominaux évidemment plus épais et le 2e moins long et moins grêle, nuances qui me semblent suffire à valider l'espèce.

Obs. J'ai pris cette larve à Saint-Raphaël (Var), en hiver, parmi les détritus humides, en compagnie de l'insecte parfait.

Larve du **Leptacinus parumpunctatus**, Gyl.

La larve du *Leptacinus parumpunctatus* a beaucoup d'analogie avec celle du *L. batychrus*, Gyl. Je m'abstiendrai donc d'en donner une description complète et me contenterai d'une simple phrase comparative. Elle est plus grande; la tête un peu plus large en arrière qu'en avant, au lieu qu'elle est exactement parallèle chez *L. batychrus*. Le prothorax est plutôt rétréci antérieurement que postérieurement. L'abdomen, d'une couleur plus pâle que l'avant-corps, est sensiblement et graduellement élargi de sa base jusqu'au dernier tiers et puis subitement rétréci en cône jusqu'au sommet, avec le dos plus largement et plus profondément sillonné. Le 9e segment abdominal est en cône plus étroit et moins largement tronqué au bout, à 1er article des appendices un peu moins court et le pseudopode un peu plus prolongé, etc.

OBS. Cette larve se trouve dans le terreau ainsi que l'insecte parfait.

La description des 4 larves précédentes porte à 13 le nombre des espèces connues de cette famille (1), savoir:

Othius fulvipennis, FAUVEL (1873, III, p. 379); — *Xantholinus tricolor*, MULSANT et REY (1877, p. 60, pl. III, fig. 20); — *X. Linearis*, MULSANT et REY (p. 73, pl. III, fig. 21); — *X. punctulatus*, BOUCHÉ (1834, p. 181, pl. VIII, fig. 9-13); — *Nudobius lentus*, SCHIOEDTE (1864, p. 201, pl. IX, fig. 18; X, fig. 1-7, XII, fig. 2); — *N. collaris*, PERRIS (Ann. 1853, p. 566, pl. XVII, fig. 26-36); — *Metoponcus brevicornis*, FAUVEL (1873, III, p. 367); — *Leptacinus batychrus*, MULSANT et REY (1877, p. 108, pl. III, fig. 23); — *L. linearis*, MULSANT et REY (1877, p. 111, pl. III, fig. 24), et enfin les 4 espèces que je viens de décrire *Gauropterus fulgidus, Xantholinus longiventris* et *glabratus* et *Leptacinus parumpunctatus*.

FAMILLE DES PÉDÉRIENS

Les larves des Pédériens ont quelque analogie avec celles de certains Staphyliniens, c'est-à-dire que la tête est plus ou moins grosse, les antennes plus ou moins distantes et l'abdomen muni de styles articulés plus ou moins allongés; mais le pseudopode est plus court. Elles sont peu connues, et celles dont on a fait mention sont au nombre de 7 seulement, savoir:

Glyptomerus cavicola, KRAATZ (Berl. Zeit., 1859, p 310, pl. IV, fig. 4 a-b); — *Lithocharis fuscula*, PERRIS, et *ochracea*, MULS., REY (1878, p. 177, pl. VI, fig. 29); — *Stilicus fragilis* et *affinis*, REY (1880, Suppl., p. 416 et 418); — *Paederus riparius*, THOMSON (11, 195) et *tempestivus*, CANDÈZE (espèce exotique) (Mém. Liège, 1861, p. 329, pl. 1, fig. 2).

_____

(1) C'est relativement beaucoup pour une famille peu nombreuse.

Je me permets d'en ajouter quelques autres que la chance m'a fait
découvrir :

LARVE DU **Lathrobium multipunctum**, Gr.

Long. 6-7 mill. — *Corps* hexapode, allongé, peu convexe, sublinéaire,
hérissé de longues soies noires; d'un brun livide et luisant, avec la tête
moins sa partie postérieure, le prothorax et les 2 derniers segments de
l'abdomen, d'un noir de poix, les palpes, les antennes et l'extrémité des
styles abdominaux, pâles.

Tête proéminente ou peu inclinée, subarrondie, mais sensiblement
rétrécie en arrière, au moins aussi large en avant que le prothorax; peu
convexe, éparsement et longuement sétosellée, presque lisse; obliquement sillonnée en avant de chaque côté de l'épistome qui est séparé du
front par une fine suture transversale arquée, à ouverture en avant; d'un
noir de poix luisant, à région du vertex plus pâle et livide. *Épistome*
4-denté. *Labre* caché. *Mandibules* arquées, falciformes, acérées, rousses.
Palpes maxillaires pâles, de 3 articles graduellement plus étroits : le 1er
oblong, subcylindrique: le 2° plus court: le 3° fortement atténué, semblant ne faire qu'un avec le précédent, terminé par une soie médiocre.
Palpes labiaux, petits, pâles.

Yeux formés de 3 ou 4 ocelles souvent réunis sur une légère éminence.

Antennes assez grêles, pâles, de 4 articles : le 1er rudimentaire : le 2°
suballongé, à peine en massue, paré d'une soie à son sommet interne : le
3° plus court, irrégulier, subangulé-denté et muni d'une longue soie après
son tiers basilaire interne, avec 2 autres soies à son extrémité : le dernier
allongé, en massue grêle, terminé par 3 soies, dont une plus courte et
située plus bas; intérieurement accompagné d'un petit article supplémentaire, court.

Prothorax en carré suboblong, subarqué et subcomprimé sur les côtés
et parfois subrétréci en avant; subconvexe; rebordé à sa base; longuement et éparsement sétosellé, presque lisse; d'un noir de poix luisant.

Mésothorax et *métathorax* courts, à peine aussi longs, pris ensemble,
que le prothorax; individuellement subélargis en arrière, rebordés à leur
base; subconvexes, éparsement et longuement sétosellés; impressionnés
de chaque côté de la ligne médiane et fortement fovéolés-cicatrisés latéralement.

Abdomen à peine plus long que l'avant-corps, un peu rétréci en arrière, de 9 segments peu convexes. *Les 7 premiers* courts, subégaux, parfois subdéprimés, d'un brun livide; parcourus par un sillon commun assez profond, plus pâle, effacé à la base du 1er, avec souvent le bord apical des intermédiaires (3-7) également plus pâles; plus fortement sétosellés que le reste du corps, offrant chacun une impression ou fossette subarquée, de chaque côté de la ligne médiane, et, sur les côtés, une cicatrice limitée en dehors par un bourrelet oblong, assez relevé et muni avant son extrémité d'une petite dent ou tubercule sétigère brunâtre. *Le 8e* un peu moins court, plus étroit, transverse, subimpressionné sur les côtés, éparsement sétosellé, d'un noir de poix brillant. *Le 9e* plus court et plus étroit, transverse, subconvexe, d'un noir de poix luisant; muni de 2 très longs styles ou appendices, écartés à leur base où ils sont séparés par une échancrure semicirculaire assez profonde, composée de 3 articles fortement soudés et noueux à leurs articulations: le 1er allongé, subcylindrique, noir dans sa première moitié, pâle dans le reste de sa longueur, paré en dehors à sa base d'une longue soie noire, de 2 autres au sommet et d'une intermédiaire vers le milieu du côté externe, toutes ces soies insérées sur une petite saillie: le 2e aussi large et à peine plus grêle, pâle, subrenflé au milieu où il est paré de 2 longues soies noires, et au sommet où il en offre 3: le dernier allongé, très grêle, pâle, filiforme, terminé par une longue soie noire.

Dessous du corps assez pâle, avec le dessous de la tête et du prothorax plus foncés. *Ventre* subdéprimé, éparsement sétosellé, très inégal, plus ou moins mamelonné sur les côtés. *Pseudopode ambulatoire* d'un noir de poix, en forme de tube court, atteignant environ le tiers du 1er article des styles abdominaux.

Pieds médiocres, pâles. *Hanches* allongées, avec 2 soies en dessous. *Cuisses* longues, étroites, subcylindriques, parées de 3 ou 4 soies à leur tranche inférieure. *Tibias* très grêles, linéaires, aussi longs que les cuisses, subhispido-sétosellés sur 2 rangs en dessous, terminés par un crochet aciculé, presque droit, continuant l'axe du tibia.

OBS. Cette larve que je donne avec doute, se prend en juin, sous les tas d'arbres et sous les pierres, avec l'insecte parfait. Elle est remarquable par sa couleur obscure et par les longs styles du dernier segment abdominal.

LARVE DU **Medon dilutus**, Erichson.

Cette larve ressemble beaucoup à celle de la *Lithocharis ochracea*. Elle est un pue plus robuste, la tête est un peu plus oblongue, non rétrécie en avant, mais largement et à peine échancrée vers le milieu de ses côtés, avec les styles abdominaux un peu plus épais, etc.

Obs. Elle se trouve avec l'insecte parfait dans les pièges souterrains.

La larve du *Medon apicalis*, Kraatz, se distingue par le 1er article des appendices abdominaux plus court, et celle du *M. fusculus*, Mann., par sa taille un peu plus forte, par sa tête moins parallèle et son abdomen plus large et souvent nettement maculé de brun.

LARVE DU **Medon bicolor**, Olivier.

Cette larve est également très voisine de celle de *Lithocharis ochracea*, dont elle diffère par sa forme un peu plus large, sa tête un peu plus grosse et surtout par ses styles abdominaux sensiblement moins grêles, etc.

Obs. Elle se prend sous les pierres, avec l'insecte parfait.

La larve du *Pœderus riparius*, d'après Thomson, aurait la tête 2 fois aussi longue que large et les appendices abdominaux 2 fois aussi courts que le pseudopode, biarticulés, à dernier article semiglobuleux.

Je possède une larve d'un noir submétallique, trouvée en compagnie de nombreux *Bembidium nitidulum*, *Pœderus riparius* et *Stenus* et que je ne sais à qui rapporter. Elle a le facies des larves de *Stilicus*, mais avec les styles abdominaux bien plus longs et surtout le milieu du front surmonté en avant d'une saillie armée de 2 longues épines aciculées.

Une autre larve qui m'est inconnue et qui pourrait peut-être se rapporter à un Pédérien, est allongée, pâle, avec les segments abdominaux étranglés à chaque intersection et surtout le pseudopode pourvu au bout de 2 lobes divergents, membraneux, tronqués et dirigés en dessus, structure que je n'ai rencontrée nulle part ailleurs. Les styles abdominaux sont indistinctement bi-articulés et dépassent un peu le pseudopode.

FAMILLE DES OXYTÉLIENS

Les larves de cette famille affectent une forme toute particulière et bien tranchée, qu'on ne rencontre guère dans les autres. Elles sont généralement subparallèles, avec l'abdomen pourtant assez large et parfois subarqué sur les côtés, la tête transvers·, les yeux petits et assez saillants, les segments thoraciques moins développés, les styles abdominaux ordinairement atténués en forme d'épine, le plus souvent noirs et subconvergents, et le pseudopode large et court, etc. A part celles des G. *Oxyporus* et *Prognatha*, elles présentent entre elles assez d'affinité pour me dispenser d'établir des groupes séparés.

On en connaît un certain nombre dans les descriptions sont dues à Heeger, Bouché, Westwood, Erichson, Wald, Chapuis et Candèze, Fauvel, Schioedte, Mulsant et Rey, etc. Schioedte, à sa part, a fait connaître 5 espèces du genre *Bledius* (Nat. Tidss., 1864, p. 212-214, pl. XII, fig. 4-32), avec de nouveaux détails sur la larve du *Platystethus morsitans*, déjà décrite et figurée par Bou-hé (p. 182, t. VIII, fig. 14).

Je n'ai pas assez de certitude pour publier les quelques espèces inédites que je possède.

FAMILLE DES PROTINIENS

On n'a fait, jusqu'ici, mention que de 2 larves de cette petite famille, savoir : une larve de *Megarthrus* observée par Schmidt et signalée par Vestwood (Intr., 1839, t. I, p. 365, note), et la larve du *Protinus brevicollis*, Er. décrite par Chapuis et Candèze (Catal.; 1853, p. 62). Je donne ici, avec doute, la diagnose d'une espèce que je crois appartenir à cette famille :

LARVE DU **Megarthrus affinis**, Miller.

Long. 1 1/2 mill. — *Corps* hexapode, ovale-oblong, obsolètement sétosellé, d'un brun livide et luisant avec la marge apicale des segments abdominaux pâle et une ligne longitudinale, médiane, de même couleur sur les 3 segments thoraciques et les 2 premiers de l'abdomen. Celui-ci à styles terminaux de 2 articles : le 1er allongé, subcylindrique, le 2e à peine plus long, très grèle, pâle et translucide, terminé par une petite soie. *Pseudopode* épais, court, dépassant un peu le 1er article des appendices abdominaux.

Obs. J'ai capturé cette larve à Villié-Morgon, fin octobre, en compagnie de l'insecte parfait. Toutefois, je ne la donne que sous toute réserve. Sa forme est plus convexe que chez les Oxytéliens.

FAMILLE DES HOMALIENS

Les larves des Homaliens ont quelque ressemblance avec celles des Oxytéliens. Cependant, la forme est généralement un peu plus large, la tête moins transverse et plus arrondie; les styles abdominaux, plus courts et plus parallèles, n'affectent point une forme d'épine, et le pseudopode est peu saillant.

On n'en connaît qu'un petit nombre, savoir :

Micralymma brevipenne, GYL., LABOULBÈNE (Ann. Soc. ent. Fr., 1858, p 73, pl. 2-3); — *Homalium pusillum*, GR. et vile, EN., PERRIS (Ann. Soc. ent. Fr., 1853, p. 576-578, pl. XVII, fig. 49-59); — *Coryphium angusticolle*, STEPH., PERRIS (Ann. Soc. ent. Fr., 1853, p. 573, pl. XVII, pl. 2-3).

J'en possède un certain nombre d'inédites, dont je suis loin d'affirmer et même de soupçonner l'état parfait. Je m'abstiendrai donc de les décrire. Mais je profite de l'occasion pour signaler une larve très curieuse que je ne sais à quelle famille rapporter.

Elle ressemble à la fois à une larve d'Homalien et de Tachyporien (2 1/2 mill.). Elle est brunâtre avec les pieds pâles. La tête est allongée; les antennes sont très épaisses, comprimées, diaphanes, à dernier article court, étroit, subulé, cilié-fasciculé au bout. Surtout, les mandibules, au lieu d'être horizontales, représentent chacune une lame verticale, fortement comprimée et recourbée en l'air en forme de tranche cintrée, unidentée supérieurement et terminée par une pointe acérée. Vues de dessus, elles se croisent un peu à leur extrémité. Cette disposition des mandibules est excessivement remarquable.

FAMILLE DES TACHYPORIENS

Les larves des Tachyporiens ressemblent peu à celles des Homaliens. Elles sont plus déprimées, plus lisses, plus brillantes et plus obscures, plus larges à l'abdomen qui est plus ou moins arqué sur les côtés. Elles rappellent un peu celles des Staphyliniens quant au développement des styles abdominaux ; mais, elles se reconnaissent facilement d'entre toutes par leurs yeux formés de 6 ocelles, diversement disposés et par leur 3° article des antennes plus ou moins dilaté intérieurement et pourvu de 1 ou 2 apophyses. Le dernier article des palpes maxillaires est très allongé, grêle, sétiforme, recourbé au sommet. Le pseudopode est étroit, allongé, terminé par 1 ou 2 lobes supplémentaires. J'y ai reconnu 2 formes principales : la forme assez large et subdéprimée *(Tachinus, Cilea)* et la forme étroite, sublinéaire et subconvexe *(Conurus, Tachyporus)*.

On en connaît 6 espèces, savoir :

Habrocerus capillaricornis, MULSANT et REY (1882, p. 6, pl. I, fig. 7 et 8) ; — *Conurus littoreus,* PERRIS (Ann. Soc. ent. Fr. 1846, p. 331, pl. 9, n° 111) (1) ; — *Cilea silphoides,* LABOULBÈNE (Ann. Soc. ent. Fr.) (2) ; — *Tachinus humeralis,* PERRIS (Ann. 1846, p. 335, fig. 9, n° III) ; — *Tachinus subterraneus,* REY (Tachyp, 1882, p. 152) ; — *T. flavolimbatus,* REY (Tachyp., 1882, p. 165).

Je possède 3 ou 4 larves qui probablement doivent appartenir à la famille des Tachyporiens. N'ayant pu valider leur identité, j'en renvoie à plus tard les descriptions.

FAMILLE DES ALÉOCHARIENS

Les larves de cette famille si nombreuse sont fort peu connues. Les seules qu'il m'ait été donné de pouvoir examiner offrent assez d'analogie avec celles des Homaliens et des Tachyporiens. Les styles abdominaux

(1) La larve du *Conurus pubescens* ne diffère de celle du *littoreus* que par sa couleur plus pâle.

(2) La nymphe de *Cilea silphoides* est pâle. Elle garde quelquefois au sommet de son abdomen la dépouille de la larve.

sont tantôt assez développés, tantôt très courts ou même nuls, et le pseudopode est plus ou moins saillant.

Voici l'énumération de celles décrites jusqu'à ce jour :

Aleochara fuscipes, Westwood (Intr. I, p. 166, fig. 16) ; — *Homalota celata* et *cuspidata*, Perris (Ann. Soc. ent. Fr., 1853, p. 561 et 562, pl. 17, fig. 9 10) ; — *Homalota fungi*, Muls. et Rey (Myrm., 1873, p. 230) (1) ; — *Phlocopora reptans* et *corticalis*, Perris (Ann. 1853, p. 557 et 560, pl. 17, fig. 1-8) ; — *Leptusa analis*, Perris (Ann., 1853, p. 565, fig. 20-25) ; — *Gyrophaena manca*, Heeger (Beitr. nat. Ins., n° IX, 3, pl. 1).

Je me permets d'y ajouter 5 espèces inédites.

LARVE SUPPOSÉE DE L'**Oxypoda attenuata**, Rey.

Long, 4 mill. — *Corps* hexapode, très allongé, un peu rétréci aux deux bouts, subétranglé à chaque intersection ; peu convexe, très éparsement sétosellé ; subcorné, d'un brun de poix luisant, avec les palpes, les antennes, les styles abdominaux et les pieds plus pâles.

Tête presque en hémicycle, peu inclinée, un peu moins large que le prothorax ; peu convexe, éparsement sétosellée sur les côtés, presque lisse, à peine bifovéolée entre les antennes ; d'un brun de poix luisant. *Mandibules* peu saillantes, arquées. *Palpes maxillaires* assez développés, pâles, à 1er article court, le 2e allongé ; le 3e encore plus long, plus étroit, à peine atténué. *Palpes labiaux* courts.

Yeux noirs, semblant formés de 2 ou 3 ocelles réunis en groupe suivant une ligne oblique.

Antennes médiocres, d'un testacé de poix, de 4 articles : le 1er très court : le 2e suboblong, un peu moins épais : le 3e bien plus grand, épaissi et subangulé en dedans vers son dernier tiers et bicilié à celui-ci : le dernier petit, subulé, 4-cilié au bout.

Prothorax subtransverse, subconvexe, très éparsement sétosellé, presque lisse, à peine impressionné sur les côtés, d'un brun de poix luisant.

Mésothorax et *métathorax* transverses, un peu plus longs, pris ensemble, que le prothorax ; élargis en arrière et étranglés à leur base ; peu convexes, presque lisses, plus ou moins impressionnés latéralement, d'un brun de poix luisant.

(1) La larve de l'*Homalota fungi* est douteuse.

Abdomen allongé, un peu rétréci dans sa partie postérieure, d'un brun de poix luisant, de 9 segments. Les 6 *premiers* courts, subégaux, peu convexes; plus ou moins étranglés à leurs intersections qui sont souvent plus pâles et pourvues chacune d'un bourrelet transversal assez prononcé; presque lisses ou légèrement impressionnés sur leur disque; angulés-mamelonnés sur le milieu de leurs côtés qui présente 1 ou 2 soies assez longues; parés de quelques soies semblables le long de leur bord postérieur, couchées sur les 5 premiers, fortement redressés sur les suivants (6-8); le 7° plus uni, simplement subarqué sur les côtés : le 8° plus étroit, subparallèle, subconvexe : le 9° encore plus étroit, très court ou peu saillant, muni de 2 longs appendices ou styles pâles, écartés à leur base, un peu divergents, composés de 2 articles : le 1ᵉʳ allongé, assez épais, subatténué vers son extrémité et muni au bout de quelques longues soies : le dernier plus court et bien plus grêle, linéaire, sétigère.

Dessous du corps subdéprimé, inégal, très éparsement sétosellé, d'une couleur de poix livide, avec les intersections plus claires. *Pseudopode* assez allongé, en forme de tube conique et tronqué, presque aussi prolongé que le 1ᵉʳ article des appendices.

Pieds assez longs, pâles, munis de quelques soies assez raides, terminés par un onglet assez fort, grêle, aciculé et presque droit.

Obs. J'ai trouvé cette larve en avril, à Saint-Raphaël (Var), sous les pierres et les détritus, presque toujours avec l'insecte parfait. Toutefois, je ne la donne qu'avec réserve.

Elle ressemble un peu à celle de *Leptusa analis*, Gyl., décrite par Perris; mais elle est de consistance plus cornée, d'une couleur plus obscure, avec le pseudopode moins grêle et moins cylindrique. (1)

Larve supposée de la **Myrmedonia laticollis**, Maërk.

Long. 4 mill. — *Corps* hexapode, suballongé, avec l'abdomen arcuément subélargi; subconvexe, subcorné; longuement et éparsement sétosellé; d'un roux ferrugineux brillant, avec les palpes, les antennes, les pieds et le dessous du corps plus pâles.

Tête en ogive obtuse, inclinée, un peu moins large que le prothorax;

(1) Si c'est bien là la larve de l'*Ox. attenuata*, on peut en conclure que les larves d'*Oxypoda* ont quelques rapports avec celles des Tachyporiens, avec lesquels l'insecte parfait a, du reste, quelque analogie de forme.

peu convexe, éparsement sétosellée ; presque lisse, à peine ridée en avant ; marquée sur le milieu du vertex d'une très fine ligne longitudinale paraissant bifurquée antérieurement ; d'un roux ferrugineux brillant. *Épistome* plus pâle, plus convexe, subinégal ou bifovéolé. *Mandibules* grandes, arquées, falciformes, testacées à leur base, un peu rembrunies à leur extrémité, paraissant bidentées au sommet. *Palpes maxillaires* assez développés, à 1ᵉʳ article suboblong, assez épais : le 2ᵉ bien plus court et plus étroit : le dernier allongé, grêle, aciculé. *Palpes labiaux* peu distincts.

Yeux formés d'un seul ocelle globuleux, noir.

Antennes médiocres testacées, de 4 articles ; le 1ᵉʳ rétractile, à peine distinct : le 2ᵉ assez épais, subtronqué au sommet : le 3ᵉ plus court, plus étroit, inséré sur le côté externe de la troncature, bicilié au bout : le dernier très petit, subsubulé, terminé par un cil ; accompagné à sa base d'un petit article supplémentaire, très court et peu distinct.

Prothorax subtransverse, subconvexe, presque droit sur les côtés et un peu plus étroit en avant ; éparsement sétosellé ; presque lisse, sur le dos, bi-impressionné latéralement, plissé en travers à sa base ; d'un roux ferrugineux brillant ; offrant sur sa ligne médiane un canal longitudinal, très fin et à peine distinct.

Mésothorax et *métathorax* très courts, subélargis en arrière, à peine plus longs, pris ensemble, que le prothorax ; éparsement sétosellés ; subconvexes, presque lisses, impressionnés-cicatrisés sur les côtés ; d'un roux ferrugineux brillant, avec la marge postérieure et une bande longitudinale médiane plus pâles, celle-ci s'avançant légèrement sur la base prothorax.

Abdomen oblong, assez large et assez convexe, légèrement arqué sur les côtés et assez brusquement atténué en arrière ; éparsement et longuement sétosellé ; d'un roux ferrugineux brillant avec la marge latérale plus pâle ; de 9 segments. Les 7 premiers très courts, subégaux, plus ou moins impressionnés-cicatrisés sur les côtés : le 8ᵉ un peu moins court, plus étroit, faiblement impressionné latéralement : le dernier bien plus étroit, très court, tronqué au sommet où il est muni de 2 appendices ou styles pâles, courts, très écartés, de 2 articles, dont le 1ᵉʳ rudimentaire et le 2ᵉ grêle, subspiniforme, terminé par une soie déjetée en dehors.

Dessous du corps testacé, à ventre plus pâle. Celui-ci légèrement convexe, éparsement et longuement sétosellé, marqué de 4 séries longitudinales de cicatrices ou impressions, dont les latérales plus grandes et plus accusées. *Pseudopode* très court, à peine aussi prolongé que les styles abdominaux.

Pieds assez longs, assez grêles, pâles. *Hanches* grandes, coniques. *Cuisses* insérées au bout des trochanters, graduellement subélargies vers leur extrémité, parées en dessous de 2 ou 3 soies. *Tibias* subatténués vers leur sommet, armés de quelques épines, terminés par un fort crochet acéré, subarqué, un peu infléchi et biépineux.

Obs. Cette larve se prend avec l'insecte parfait, dans les troncs caverneux des arbres, en compagnie de la *Formica fuliginosa*. Néanmoins, je ne puis affirmer son identité.

Elle ressemble beaucoup aux larves des Homaliens et de certains Nitidulaires, à part la conformation du pseudopode et des styles adominaux qui manquent dans celles-ci.

Larve de la **Platyola fusicornis**, Rey.

Long. 1/2 mill. *Corps* hexapode, assez mou, allongé, subatténué en arrière, subconvexe, pâle, brillant, hérissé de très longues soies plus foncées, redressées et peu serrées.

Tête subcarrée, subarrondie aux angles, de la largeur du prothorax, très éparsement sétosellée, pâle, luisante ; subconvexe en arrière, offrant un peu en avant, sur le front, une impression circulaire à milieu surélevé. *Épistome* transversalement sillonné, subrembruni et denticulé antérieurement. *Mandibules* assez saillantes, arquées, ferrugineuses, rembrunies et aigument bidentées au sommet. *Palpes maxillaires* pâles, à dernier article allongé, subulé, aciculé.

Yeux représentés par un petit ocelle ponctiforme, brunâtre.

Antennes courtes, très pâles, de 4 articles : le 1er épais, très court : le 2e assez épais, suboblong, subcylindrique, paré d'une soie de chaque côté de son sommet : le 3e plus étroit, un peu plus court, bicilié au bout et terminé par un tout petit article subulé, accompagné d'un article supplémentaire presque aussi long que lui et cilié-fasciculé.

Prothorax subtransverse, un peu plus court que la tête, pâle et luisant ; à peine arqué et très éparsement sétosellé sur les côtés, assez convexe, lisse, avec 2 faibles impressions latérales.

Mésothorax et *métathorax* courts, subégaux, environ aussi longs, pris ensemble, que le prothorax, aussi larges que lui, subangulés et unisétosellés sur les côtés; pâles et luisants, lisses, à peine impressionnés latéralement. *Abdomen* aussi long que le reste du corps, arcuément subélargi sur les côtés; fortement sétosellé, plus fortement et plus densément dans sa partie postérieure; peu convexe, pâle et assez brillant; de 9 segments. Les 7 premiers très courts, subégaux; transversalement sillonnés sur le disque, plus ou moins impressionnés sur les côtés, qui sont subrélevés en bourrelet obtusément angulé : le 8e à peine moins court, presque uni : le 9e à peine plus long, mais bien plus étroit, subtronqué au sommet où il est muni de chaque côté d'un petit appendice court, cilié, subrétractile.

Dessous du corps pâle, avec la bouche d'un brun rougeâtre. *Ventre* convexe, très inégal, hérissé de longues soies redressées, plus longues et plus obscures sur les côtés. *Pseudopode* très court, laissant saillir une petite pointe conique, visible de dessus.

Pieds longs, grêles, pâles. *Hanches* grandes, coniques. *Trochanters* assez grands. *Cuisses* étroites, un peu en massue subcomprimée. *Tibias* un peu plus courts, finement ciliés en dessus et en dessous, munis, de plus, sur leur tranche inférieure de 2 longues et fines épines; atténués vers leur extrémité et terminés par un long crochet assez grêle, subarqué et très acéré, pourvu en dessous d'un cil spiniforme.

Obs. J'ai trouvé cette larve, en septembre, en compagnie d'insectes parfaits récemment éclos, à 25 centimètres de profondeur en terre, où elle vit probablement de jeunes Podures et autres Podurelles de consistance molle.

Elle ressemble aux larves d'*Homalota* et surtout d'*Oxytelus*; mais elle a l'abdomen plus élargi sur les côtés et hérissé de soies bien plus longues, avec les appendices terminaux plus courts et subrétractiles. La grandeur de la tête et la longueur des pieds lui donnent quelque ressemblance, moins la couleur, avec la larve du *Micralymma brevipenne*.

Larve de la **Gyrophaena affinis**, Sahlb.

Long. 2 1/2 mill. — *Corps* hexapode, allongé, un peu rétréci aux deux bouts; subconvexe, assez mou, éparsement sétosellé-fasciculé, d'une couleur pâle assez brillante.

Tête inclinée, transverse, un peu moins large que le prothorax, peu convexe, pâle, inégale ou creusée sur le front d'une impression circulaire interrompue ou entr'ouverte en avant. *Épistome* tronqué. *Labre* transverse.

Mandibules peu saillantes, arquées, brunâtres à leur extrémité. *Palpes maxillaires* bien distincts, de 3 articles : les 2 premiers courts, assez épais : le dernier plus étroit et plus long, aciculé. Les *labiaux* peu visibles, de 2 articles.

Yeux réduits à un très petit point noir.

Antennes assez courtes, pâles, de 4 articles ; le 1er très court, épais, en forme de socle : le 2º moins court et moins épais, paré de 2 soies à son sommet interne : le 3º un peu plus long, plus étroit, obconique, muni d'une longue soie de chaque côté, avant son extrémité : le dernier très petit, subulé, sétigère, sans article supplémentaire apparent.

Prothorax transverse, à peine moins large que le mésothorax, à peine arqué latéralement, sensiblement cicatrisé sur les côtés, pâle. *Mésothorax* et *métathorax* très courts, subégaux, arcuément subélargis en arrière, plus ou moins plissés et cicatrisés sur les côtés de leur disque, pâles.

Abdomen pâle, allongé, de 9 segments. Les 7 premiers très courts, subégaux, subélargis en arrière, plus ou moins plissés transversalement, plus ou moins cicatrisés ou mamelonnés sur les côtés au-dessus des stigmates ; le 8º plus étroit que les précédents, prolongé au dessus du suivant en forme de cône à dos corné, lisse, luisant et brunâtre, à sommet subtronqué et muni d'un petit lobe submembraneux, très court, large, émoussé et paraissant parfois comme indistinctement subgéminé ; le 9º bien plus étroit, déclive, subparallèle, largement tronqué au sommet.

Dessous du corps éparsement sétosellé-fasciculé, pâle. *Ventre* convexe, à arceaux plus ou moins plissés en travers. *Pseudopode* représenté par un lobe court, obtus et submembraneux, dépassant un peu le segment supérieur correspondant.

Pieds courts, assez grêles, pâles, parés de quelques longues soies. *Hanches* grandes, coniques. *Cuisses* plus longues, subcylindriques. *Tibias* plus étroits, presque aussi longs, à peine atténués, terminés par un petit crochet, grêle, à peine arqué.

Obs. J'ai trouvé abondamment cette larve, en juin, en compagnie de l'insecte parfait, parmi des champignons non encore desséchés. Elle est assez agile et sa démarche est irrégulière et tortueuse.

Elle ne ressemble aux larves connues des autres Aléochariens que par la forme générale, qui la rapproche également de celles des Oxytéliens et Homaliens. Mais elle se distingue nettement des unes et des autres

par la singulière structure de 8° segment abdominal qui est prolongé
au-dessus du suivant en forme de cône subtronqué, et du 9° sans styles
apparents, etc.

Souvent, après la mort, cette larve laisse apparaître sur le dos une
traînée longitudinale brunâtre, qui se reproduit également sur le ventre.

LARVE DE L'**Oligota flavicornis**, Lac.

Long. 1 1|4 mill. *Corps* hexapode, allongé, subparallèle, subconvexe,
assez mou, d'un jaune paille assez brillant; longuement et éparsement
sétosellé, à soies géminées ou fasciculées.

Tête transverse inclinée, moins large que le prothorax, peu convexe,
pâle; subinégale, bifovéolée sur le vertex, avec 2 légères protubérances
sur le front, entre les yeux. *Épistome* tronqué. *Labre* transverse. *Palpes
maxillaires* pâles, de 3 articles; les 2 premiers courts, subégaux; le
dernier étroit, allongé, aciculé. *Palpes labiaux* peu distincts.

Yeux réduits à un très petit point noir.

Antennes courtes, pâles, de 4 articles : le 1er très court, assez épais,
en forme de bourrelet : le 2° moins court, obconique : le 3° plus étroit,
subcylindrique, terminé par 2 longs cils divergents : le dernier très
petit, à peine distinct, sétigère.

Prothorax transverse, à peine moins large en arrière que le mésothorax, un peu rétréci en avant et subarqué sur les côtés; inégal sur le dos,
cicatrisé et muni d'un bourrelet latéralement; d'un jaune pâle.

Mésothorax et *métathorax* un peu plus courts que le prothorax, arcuément subélargis sur les côtés, le premier en avant, le deuxième en
arrière; subinégaux, sur leur disque, cicatrisés et garnis d'un bourrelet
latéralement; d'un jaune pâle.

Abdomen suballongé, d'un jaune-paille, de 9 segments. Les 7 premiers
courts, subégaux, subruguleux et tuberculés sur le dos, plus ou moins
cicatrisés sur les côtés, ceux-ci avec un bourrelet subangulé en dehors:
le 8° plus étroit, prolongé au-dessus du suivant en forme de lobe corné,
lisse, noir et luisant, à sommet en angle, obtus et très ouvert : le
9° encore plus étroit, peu déclive, subparallèle, paraissant subéchancré
au sommet.

Dessous du corps pâle, éparsement sétosellé. *Ventre* convexe, à arceaux
légèrement plissés. *Pseudopode* court, mousse, submembraneux, dépassant un peu le segment supérieur correspondant.

Pieds assez longs, assez grêles, pâles, parés de quelques soies. *Hanches* coniques. *Cuisses* plus longues, subcylindriques. *Tibias* à peine atténués, terminés par un petit crochet peu distinct.

OBS. J'ai trouvé cette larve, en août avec l'insecte parfait, parmi les mucors et autres moisissures qui infectaient le dessous des feuilles malades du Tilleul *(Tilia phatyphylla,* Scop).

Elle ressemble à la larve de la *Gyrophaena affinis* (1). Mais elle est une fois moindre et d'une couleur moins pâle. Le front est autrement sculpté. Le dernier article des antennes est moins apparent, plus court et presque indistinct. Le prolongement du 8e segment abdominal au-dessus du 9e est moins saillant, moins conique et plus noir, etc.

TRIBU DES PALPEURS

Latreille avait donné ce nom à une famille qui comprend aujourd'hui les Psélaphides et les Scydménides, dont on ne connait pas les larves, à part celle du *Claviger testaceus* dont Müller a fait l'histoire sous le nom de *foveolatus* (in Germar, Mag., 1818, III, p. 108), et sur laquelle Audouin et Brullé (Hist. Ins., 1837, t. III, p. 37), Westwood (Intr. 1839, I, p. 176, fig. 17) et Aubé (Ann. Soc. Ent. Fr., 1844, p. 153) ont aussi donné de nombreux détails.

Quant à moi, je n'en connais aucune. Perris et Schiœdte n'en font également point mention. Elles sont vidangeuses et doivent vivre aux dépens des miettes organiques disséminées ou délaissées par d'autres insectes et en débarrasser leurs demeures. Plusieurs fréquentent les nids de Fourmis.

TRIBU DES CLAVICORNES

Cette tribu, créée par Latreille, est divisée aujourd'hui en un grand nombre de familles distinctes, que je vais parcourir l'une après l'autre, quant aux états vermiformes.

(1) Par cette affinité, cette larve justifie la place que les divers catalogues assignent au genre *Oligota,* près du g. *Gyrophaena.*

FAMILLE DES SILPHALES

Les larves des Silphales ou Silphides, parmi lesquels, à l'exemple de
J. Duval, je comprends les Catopides, les Agathidides et les Clambides,
sont assez connues, surtout les grosses espèces. Les diverses espèces
décrites l'ont été par De Geer, Westwood, Sturm, Chapuis et Candèze,
Guérin, Brullé, Heer, Fairmaire et Laboulbène, Blisson, Erichson, Perris
(Ann. Soc. ent. Fr., 1851, p. 43; pl. 2, n° IV) et Schioedte (Nat. Tidss.
1862, I, 2° part., p. 224-229, pl. VIII-X, fig. 1-20).

Dans le genre *Silpha* des auteurs, je constate parmi les larves qu'il
m'a été donné d'examiner, deux formes bien tranchées. Les unes ont le
corps large, ovale, presque mat, peu convexe, et plus ou moins largement
explané sur les côtés; les autres sont oblongues, brillantes, convexes,
déclives et non explanées sur les côtés. Je remarque en passant que les
premières répondent au genre Silpha de Linné, et les deuxièmes, au
genre *Phosphuga* de Leach, lesquelles coupes génériques trouvent ainsi
leur raison d'être dans la dissemblance frappante de leurs larves. Celles
du G. *Phosphuga* ont, de plus, leurs antennes plus longues et plus
robustes et à dernier article presque aussi épais mais plus allongé que
le pénultième, au lieu qu'il est grêle et petit dans le g. *Silpha* proprement dit. Dans les unes et les autres, le segment anal est court, transverse,
subdéprimé, tronqué au sommet.

Toutes ces larves sont plus ou moins carnassières ou au moins
carnivores. Elles s'attaquent principalement aux Limaces, aux Vers de
terre, aux larves récemment mortes ou malades.

Je signalerai, par occasion, 2 espèces, dont une que je crois inédite.

Larve de la **Silpha 4-punctata**, Lin.

Long. 12-14 mill. — *Corps* hexapode, ovale, légèrement convexe,
largement explané sur les côtés; finement granuleux; recouvert d'une
fine pubescence peu serrée, assez raide, plus courte et couchée en
arrière; d'un brun peu brillant, souvent parcouru sur le dos par une
étroite ligne longitudinale testacée; avec les oreillettes latérales largement tachées de pâle translucide.

Tête transverse, subtriangulaire, vèrticale, sensib'ement engagée sous le prothorax, bien moins large que celui-ci ; finement et densément granuleuse avec quelques places et une ligne médiane raccourcie, plus lisses ; brunâtre sur le vertex, graduellement plus pâle antérieurement, où elle est épaisement sétosellée. *Front* subdéprimé, creusé de 2 chevrons concentriques, à ouverture en avant : l'antérieur subaigu : le postérieur plus court, à sommet arrondi, à branches terminées par une fossette plate, plus pâle et presque lisse. *Épistome* rebordé. *Labre* ferrugineux, transverse, trapéziforme, plus étroit et rembruni antérieurement, subsinué au sommet, relevé sur son milieu en une bosse lisse et luisante. *Mandibules* peu saillantes, robustes, bidentées à leur extrémité, subarquées, obtusément coudées à leur base, lisses, ferrugineuses à sommet rembruni. *Palpes maxillaires* peu allongés, assez épais, roux, de 4 articles (1) : le 1er rudimentaire, peu distinct : le 2e assez épais, subcylindrique : le 3e oblong, un peu plus long, obconique : le dernier encore plus long, subfusiforme, subacuminé. *Palpes labiaux* roux, petits, de 2 articles : le 1er court, très épais : le 2e aussi long mais plus étroit, subsubulé, subatténué, mousse au bout.

Yeux formés de 6 ocelles lisses, semiglobuleux, brunâtres : 4 disposés en quadrille, rapprochés et parfois subconfluents, et les 2 autres situés au-dessous de l'insertion des antennes.

Antennes médiocres, d'un roux de poix, légèrement ciliées, de 4 articles : le 1er très court, en forme de socle : le 2e oblong, subcylindrique : le 3e un peu plus long, en massue obliquement tronquée : le dernier plus pâle, de la longueur du 2e, plus grêle que le 3e, subfusiforme, mousse et tricilié au bout, accompagné d'un très petit article supplémentaire, presque indistinct.

Prothorax court, fortement et subarcuément élargi en arrière, carrément échancré au sommet et à la base ; finement et densément granuleux ; subconvexe sur son disque, largement explané sur les côtés ; creusé sur sa ligne médiane d'un canal très fin et plus ou moins obsolète ; marqué de chaque côté du dos d'une impression oblique, prolongée jusqu'au bord interne de la partie explanée ; presque glabre ; d'un brun peu brillant, avec une grande tache pâle, translucide, couvrant les oreillettes antérieures et postérieures, et le commencement d'une ligne dorsale

---

(1) Quelques auteurs ne leur donnent que trois articles et font abstraction du premier qu'ils regardent comme une espèce de socle ou support.

testacée, étroite, prolongée, jusque sur le 5° segment abdominal, en s'affaiblissent.

Mésothorax et *métathorax* très courts, subégaux, à peine plus longs, pris ensemble, que le prothorax ; subcarrément échancrés en arrière ; subconvexes sur le dos, obliquement subimpressionnés de chaque côté de celui-ci, largement explanés sur les côtés ; finement et densément granuleux, plus éparsement le long du bord postérieur, presque lisses sur la ligne médiane pâle ; presque glabres ; d'un brun peu brillant, avec une grande tache pâle et translucide couvrant la moitié postérieure des oreillettes : celles-ci à angle arrondi dans le mésothorax, émoussé dans le métathorax, terminé par une courte soie.

Abdomen ovalairement rétréci en arrière, subconvexe sur le dos et largement explané sur les côtés, avec les oreillettes latérales graduellement plus aiguës et plus prolongées en approchant de l'extrémité et terminées par une soie raide ; assez finement et éparsement granuleux, lisse sur la ligne médiane pâle ; finement pubescent ; d'un brun peu brillant, avec une grande tache pâle, translucide, couvrant l'angle des oreillettes ; de 9 segments subégaux et subcarrément échancrés à leur bord apical. Le dernier plus étroit, à peine granuleux, à peine arrondi au milieu de son bord postérieur, avec les oreillettes latérales moindres ; armé au sommet de 2 forts appendices cornés, biarticulés, un peu cintrés en dedans, très écartés, subhispidociliés ; à 1er article long, subcylindrique mais graduellement subépaissi vers sa base à partir du milieu : le dernier 3 ou 4 fois moins long, un peu plus étroit, subatténué, mousse au bout, sétifère.

Dessous du corps d'un roux de poix brillant plus ou moins foncé, avec le dessous de la tête testacé et les côtés du thorax tachés de brun et de pâle. *Ventre* subconvexe, presque lisse, éparsement sétosellé, subimpressionné latéralement, à oreillettes explanées et miparties de brun et de pâle. *Mamelon anal* en tube un peu aplati, tronqué et longuement cilié dans le pourtour de son ouverture, presque lisse, parfois ferrugineux, un peu moins prolongé que les appendices supérieurs.

Pieds assez courts, assez grêles, d'un roux de poix subtestacé. *Hanches* allongées, couchées, éparsement sétosellées. *Trochanters* en onglet, hispido-sétosellés en dessous. *Cuisses* longues, subcylindriques, fortement épineuses inférieurement. *Tibias* un peu moins longs, subcylindriques, fortement épineux sur leurs tranches, terminés par un fort crochet acéré, subarqué, muni d'une épine en dessous.

Obs. Cette larve se trouve au printemps dans les bourses des chenilles de la *Liparis chrysorrhea*, dont elle fait un grand carnage, et l'on peut dire qu'elle concourt puissamment avec les Ichneumons à limiter la trop grande multiplication de ce Bombycide, si nuisible aux arbres fruitiers, aux haies et aux forêts de Chênes.

La larve de la *Silpha 4-punctata* diffère de celle de l'*obscura* par sa taille moindre, son dos un peu plus convexe, plus obscur, mais à oreillettes latérales plus pâles et plus transparentes. L'article terminal des appendices est plus court, etc. Les jeunes ont une teinte plus brillante, avec les tâches des côtés encore plus diaphanes et comme vitreuses.

Larve de la **Silpha polita**, Sulzer (1).

Long. 15-16 mill. — *Corps* hexapode, ovale-oblong, très convexe, plus ou moins impressionné ou comprimé sur les côtés qui sont distinctement rebordés et brièvement ciliés; presque glabre sur le disque; finement chagriné, avec quelques légères rides transversales; presque entièrement d'un noir profond et brillant.

Tête petite, subtransverse, infléchie, engagée sous le prothorax, bien moins large que celui-ci, obsolètement chagrinée-subréticulée, éparsement sétosellée dans sa partie antérieure. *Front* peu convexe, bifovéolé en avant, marqué entre les antennes de 2 fines lignes enfoncées, subréunies en arrière en ogive obtuse. *Épistome* peu distinct du front, largement tronqué et parfois rebordé au sommet (2). *Labre* trapéziforme, plus étroit antérieurement, sinué au bout. *Mandibules* robustes, peu saillantes, bidentées à leur extrémité, subarquées, obtusément coudées à leur base. *Palpes maxillaires* peu allongés, de 4 articles : le 1ᵉʳ rudimentaire : le 2ᵉ assez épais, à peine oblong, subcylindrique : le 3ᵉ plus court, obliquement tronqué au sommet : le dernier presque aussi épais que les précédents, mais bien plus long, atténué tout à fait vers le bout qui est mousse. *Palpes labiaux* courts, épais, de 2 articles : le 1ᵉʳ en cône tronqué, subétranglé avant le sommet : le 2ᵉ plus court, subatténué et mousse au bout.

---

(1) Bien que signalée par Redtenbacher (Faun. Austr., p. 142) et Perris (Excursion dans les Grandes Landes, 1850, p. 34), j'ai tenu à décrire complètement cette larve qui fait la base d'un genre ou sous-genre.

(2) Chez les jeunes, le rebord est obsolète et alors l'épistome se confond avec le labre.

Yeux formés de 6 ocelles lisses: les 2 supérieurs plus irréguliers, plus obsolètes, plus rapprochés ou même confluents: les inférieurs semi-globuleux, assez écartés: les 2 autres moindres, situés sous l'insertion des antennes.

Antennes assez développées, insérées, dans une cavité circulaire, paraissant de 3 articles (1): le 1er en massue allongée, lisse, éparsement cilié en dessous: le 2° un peu moins long, suballongé, obconique, obliquement tronqué au sommet, aspèrement pubescent: le dernier bien plus long, plus étroit, subcylindrique, aspèrement pubescent, mousse au bout.

Prothorax grand, transverse, trapéziforme, fortement et subarcuément rétréci en avant et tronqué au sommet; largement et carrément échancré à la base, avec les angles postérieurs prolongés en oreillette arrondie; fortement convexe, subimpressionné sur les oreillettes; marqué vers son tiers antérieur d'un sillon transversal obsolète et sur sa ligne médiane d'un canal très fin, prolongé également sur les 2 segments suivants; obsolètement chagriné-réticulé sur son disque, obscurément ponctué sur les côtés.

Mésothorax et *métathorax* courts, subégaux, un peu plus longs pris ensemble, que le prothorax, carrément échancrés en arrière, très voûtés; plus ou moins impressionnés sur les oreillettes, qui sont prolongées en arrière et arrondies; obsolètement chagrinés-réticulés sur leur disque, rugueusement sur les côtés.

Abdomen très convexe, un peu moins en arrière où il est assez brusquement rétréci; de 9 segments très courts et subégaux. Les 8 premiers largement et carrément échancrés à leur bord postérieur, plus ou moins comprimés et subimpressionnés sur les oreillettes latérales, qui sont graduellement plus prolongées et plus aiguës en approchant de l'extrémité et terminées par une soie testacée, raide et assez longue; finement chagrinés, plus fortement et subaspèrement sur les oreillettes, avec quelques très fines rides transversales sur leur disque. Le 9° plus étroit, finement chagriné, obsolètement granuleux, à oreillettes obsolètes; obtusément arrondi à son bord apical qui est armé de 2 appendices cornés, robustes, très écartés et situés près des côtés, de 2 articles: le 1er allongé, conique, subtronqué, éparsement granuleux: le 2° très petit, conique, roussâtre, subtronqué au bout, terminé par une courte soie, raide et pâle.

_____

(1) S'il y en a quatre, celui de la base est rétractile et enfoui dans la cavité circulaire.

Dessous du corps d'un noir brillant. *Ventre* presque lisse, éparsement et subaspèrement sétosellé, peu convexe, creusé de chaque côté d'un sillon longitudinal. *Mamelon anal* plus prolongé que les appendices supérieurs, subaspèrement granuleux, en forme de tube aplati, largement tronqué et assez longuement cilié à son ouverture.

Pieds assez courts, assez grêles, noirs. *Hanches* grandes, couchées, subexcavées pour recevoir les cuisses, éparsement sétosellées. *Trochanters* assez grands, en onglet, hispido-sétos·llés en dessous. *Cuisses* allongées à peine en massue, hispido-sétosellées. *Tibias* presque aussi longs que les cuisses, à peine atténués, fortement épineux, plus longuement en dessous, terminés par un fort crochet, acéré, roussâtre (1), muni de 2 petites épines.

Obs. Cette larve vit avec l'insecte parfait, sous les pierres et parmi les détritus, où elle se nourrit de jeunes Limaces, Hélices et de Vers de terre. D'après quelques auteurs, elle serait parfois nuisible aux Betteraves, de même que celle de *Silpha opaca*. Par sa forme convexe, moins explanée sur les côtés, et par la structure des palpes, des antennes at des appendices abdominaux, elle s'éloigne sensiblement des larves des vrais *Silpha*. Elle s'approche de celle de l'*atrata*, dont elle diffère par les proportions relatives des articles des antennes, et elle justifie, avec cette dernière, la création du genre *Phosphuga* de Leach, adopté par les nouveaux catalogues de Berlin.

A en juger d'après les larves, le genre *Xylodrepa* de Thomson serait peu tranché des *Silpha* proprement dits.

Outre les 2 espèces que je viens de décrire, il y a 18 autres larves connues parmi les Silphales, savoir :

S. thoracica, Westwood, *Orientalis*, Brullé, *opaca* et *carinata*, Faimaire, *Alpina*, Heer, *obscura*, Blisseon, *atrata*, De Geer, *rugosa*, Schioedte; — *Necrophorus humator*, Westwood, *vespillo*, Sturm, *ruspator* et *mortuorum*, Schioedte; — *Choleva fusca*, Erichson; — *Anisotoma glabra*, Schioedte; — *Liodes humeralis*, Chapuis et Candèze; — *Agathidium seminulum*, Perris, *mandibulare*, Schioedte et *Calyptomerus enshamensis*, Perris.

(1) Les ongles, les soies et le dernier article des appendices abdominaux sont les seules parties qui ne soient pas de couleur noire.

FAMILLES DES TRICHOPTÉRYGIDES, SCAPHIDIDES, HISTÉRIDES ET PHALACRIDES, ETC.

Je ne m'appesantirai pas sur ces familles, ainsi que sur plusieurs autres peu nombreuses, sur lesquelles on n'a que peu de détails relatifs aux états vermiformes, si ce n'est ceux de Perris, de Marseul et Schiœdte sur les trois premières. Perris a même donné un tableau synoptique provisoire des diverses larves qu'il a connues dans la famille des Histérides (Larves coléopt., 1877, p. 25) et qui sont en général carnivores, parasites ou vidangeuses.

Du reste, les espèces connues de ces familles sont celles-ci :

Trichopteryx intermedia, PERRIS, *Ptilium limbatum*, GILLMEISTER, *apterum*, PERRIS, *Astatopteryx laticollis*, PERRIS; *Scaphisoma agaricinum*, PERRIS; — *Platysoma oblongum*, PERRIS, *depressum*, SCHIOEDTE; — *Hister cadaverinus*, LATREILLE, *merdarius*, DE MARSEUL, *unicolor*, DE MARSEUL et SCHIOEDTE, *4-maculatus* et *12-striatus*, PERRIS; — *Gnathoncus rotundatus*, PERRIS — *Paromalus flavicornis*, *Teretrius picipes*, *Plegaderus discisus* et *Abraeus globosus*, PERRIS.

FAMILLE DES NITIDULAIRES

Si j'aborde cette famille, si savamment traitée par Perris, c'est pour confirmer toutes ses observations et constater que leurs larves ont constamment le 9e segment abdominal dépourvu de styles, avec le mamelon anal ou pseudopode généralement court et rétractile. Les yeux sont formés de 2 ou 3 ocelles plus ou moins distincts.

La plupart d'entre elles ne sont que trop connues par les dégâts qu'elles nous occasionnent, les *Carpophilus* à nos fruits charnus (poire, abricot, pêche, datte), les *Epuræa*, *Pria* et *Meligethes* à nos fleurs. Notre Réaumur moderne en est venu jusqu'à découvrir la larve presque imperceptible de la *Pria dulcamarae* jusque dans l'intérieur même des anthères du *Solanum dulcamara*, dont elle se nourrit et dont elle fait ainsi avorter la fructification, car c'est avant l'anthèse qu'elle opère son développement vermiforme. La larve du *Meligethe aeneus* se comporte de la même manière aux dépens du Colza, dont elle détermine, sans doute ce que les paysans appellent la *coulaison*, qu'ils attribuent souvent, à tort, à la pluie.

Quant aux larves des *Ips* et des *Rhizophagus* qui vivent sous les écorces et qu'on croirait xylophages, elles seraient plus utiles que nuisibles. D'après notre même savant, les unes feraient la guerre aux espèces lignivores, les autres seraient vidangeuses et se borneraient à consommer les déjections de ces dernières et autres résidus accumulés dans leurs galeries. Elles se distinguent de celles des premiers Nitidulaires par certaines armures de leur dernier segment abdominal.

Les larves des *Pocadius* et *Cychramus* sont fongivores ; aussi cette habitude a-t-elle entraîné une confrontation différente de tout le corps, qui est trapu et hérissé de saillies ou épines triciliées.

Les larves des *Trogosita* sembleraient, par leur forme allongée et déprimée, justifier une famille spéciale sous le nom de *Trogositides*, si les larves de *Rhizophagus* ne faisaient pas la transition naturelle. Elles ont été longtemps considérées, ainsi que le nom l'indique, comme nuisibles au blé et à la farine ; mais, d'après les remarques fondées du maître, elles ne seraient attirées là que pour faire la chasse aux chenilles de Teignes et autres larves sitophages. Elles seraient donc plus utiles que nuisibles, comme celles des *Rhizophagus*.

Frisch, Heeger, Letzner, Curtis, Bouché, Westwood, Audouin et Brullé, Cornelius, Erichson, Chapuis et Candèze et Perris (Larv. Col. p. 26-51, fig. 13-35) ont fait connaître un certain nombre de larves de Nitidulaires, dont il serait trop long de rapporter ici la liste. Je me hasarde à y ajouter les 2 espèces suivantes.

Larve du **Meligethes difficilis**, Heer.

Long. 2 1/4 mill. — *Corps* hexapode, suballongé, assez mou, à peine arqué sur les côtés, subconvexe, éparsement sétosellé avec les soies tronquées ; d'un blanc jaunâtre, à tête plus foncée.

Tête assez petite, inclinée, transverse, moins large que le prothorax, subcornée, peu convexe, presque lisse, parfois creusée d'un sillon transversal arqué à ouverture en arrière, d'un roux de poix brillant, avec la partie antérieure plus pâle. *Épistome* subtronqué. *Mandibules* peu saillantes, subcornées, arquées à pointe assez acérée.

Palpes maxillaires pâles.

Yeux formés de 3 ocelles noirs, situés derrière les antennes, 2 en avant, très rapprochés, le 3° un peu plus en arrière, isolé.

Antennes pâles, de 4 articles graduellement plus étroits : le 1ᵉʳ très court, peu distinct, rétractile : le dernier plus grêle, subatténué, accompagé d'un autre petit article supplémentaire.

Prothorax en hémicycle transverse, plus étroit en avant, arqué sur les côtés et subarrondi au sommet, peu convexe ; d'un blanc jaunâtre brillant, marqué sur le disque de 2 larges cicatrices transversales, ridées, souvent un peu brunâtres, séparées entre elles, sur le dos, par un intervalle sensible et s'étendant en dehors jusque près des côtés.

Mésothorax et *métathorax* très courts, pâles, aussi longs, pris ensemble, que le prothorax ; transversalement convexes, largement subimpressionnés-cicatrisés près des côtés, ceux-ci subarrondis.

Abdomen subconvexe, subarqué sur les côtés, pâle; paré de 4 séries de soies assez longues, redressées et tronquées; de 9 segments un peu moins brillants que le thorax. Les 8 premiers très courts, subégaux, subalutacés ou très finement pointillés sur le dos; marqués de chaque côté de celui-ci de larges cicatrices affaiblies; dilatés chacun sur les côtés en forme de mamelon conique, dirigé en arrière en dent de scie terminée par une soie. Le 9° plus étroit, plus lisse, en forme de cône tronqué et subarrondi au bout, débordé par 2 petits mamelons subombiliqués, sétigères.

Dessous du corps subconvexe, peu inégal, pâle ; sillonné sur les côtés où se trouve une série de petits mamelons déprimés, en dehors desquels on aperçoit les stigmates. *Pseudopode* distinct, rétractile, servant à la progression. *Anus* indiqué par un petit point brunâtre.

Pieds courts, pâles, parfois un peu rembrunis aux articulations. *Cuisses* subcylindriques, uniciliées en dessous. *Tibias* plus courts, subatténués, terminés par un très petit onglet brunâtre, peu distinct et débordé par une légère ampoule pellucide.

Obs. Cette larve se prend en avril, dans les fleurs du *Lamium album*, dont elle dévore les anthères et à défaut le limbe même de la corolle. Elle ressemble à celles des *Pria dulcamaræ* et de la plupart des autres *Meligethes*. Près de se métamorphoser, elle se gonfle et prend une teinte plus foncée.

L'insecte parfait se rencontre également sur les fleurs de *Primula variabilis*, *Ficaria ranunculoides*, *Lamium maculatum*, *Galeobdolum luteum* et plusieurs autres Labiacées.

Outre les larves des *Trogosita* et *Temmochila* décrites par Erichson et Perris, les autres connues, dans la sous-famille des Trogositides, sont :

Nemosoma elongatum, Westwood, *Thymalus limbatus*, Chapuis et Candèze, *Peltis grossa*, Ent. Zeit. Stettin et *Ostoma Yvani*, Rey (Ann. soc. Linn., Lyon, 1885).

Larve du **Rhizophagus parallelocollis**, Gyl.

Long. 3 mill. — *Corps* hexapode, allongé, subparallèle ou légèrement atténué aux deux extrémités, assez mou, peu convexe, d'un blanc paille assez brillant ; finement chagriné, éparsement sétosellé ; longitudinalement sillonné sur sa ligne médiane depuis le prothorax jusque sur le 7ᵉ segment abdominal.

Tête fortement transverse, inclinée ou subverticale, un peu moins large que le prothorax, subrétrécie en avant et subarquée sur les côtés ; testacée ; subdéprimée, marquée sur le front de 2 sillons arqués, se regardant. *Épistome* et *labre* transverses, tronqués en avant. *Mandibules* d'un roux clair, arquées, acérées. *Palpes* courts, pâles ; les *maxillaires* de 3 articles, le dernier mousse au bout : *les labiaux* de 2 articles.

Yeux réduits à des ocelles très petits et peu distincts.

Antennes courtes, pâles, de 4 articles graduellement plus étroits : le 1ᵉʳ très court, en forme de socle ; les 2ᵉ et 3ᵉ assez épais ; le dernier plus grêle, terminé par 2 petites soies dont l'externe plus courte, accompagné d'un tout petit article supplémentaire, divergent, inséré au sommet interne du 3ᵉ.

Prothorax transverse, moins large que le mésothorax, d'un blanc paille, subruguleux antérieurement, offrant une légère cicatrice de chaque côté du sillon médian.

Mésothorax et *métathorax* d'un jaune paille, très courts, subégaux, graduellement élargis en arrière pris ensemble, un peu relevés en bourrelet le long de leur bord postérieur ; légèrement cicatrisés sur les côtés ; marqués en avant, de chaque côté du sillon médian, d'une petite et courte linéole saillante, transversale, parfois obsolète.

Abdomen d'un jaune paille, de 9 segments. Les 8 premiers très courts, subégaux, subangulés sur leurs côtés, un peu relevés en bourrelet le long de leur bord postérieur ; légèrement cicatrisés latéralement au-dessus des stigmates ; munis sur le dos, de quelques petits tubercules

peu saillants. Le dernier un peu plus long et plus étroit que les précédents, surmonté sur le dos, près de sa base, de 2 stigmates tuberculeux ;
offrant au sommet 2 prolongements bilobés, à lobe supérieur redressé
en forme de crochet à pointe ferrugineuse, l'inféro-interne plus court,
droit, un peu dirigé en bas, sétifère.

Dessous du corps pâle, plus ou moins mamelonné. *Mamelon anal* peu
saillant.

Pieds courts, pâles, translucides. *Hanches* grandes. *Cuisses* épaisses,
obconiques. *Tibias* non plus longs, atténués, terminés par un crochet
grêle, acéré, arqué.

Obs. J'ai trouvé cette larve, en août, en terre où elle s'enfonce pour
se transformer. Elle vit, avec l'insecte parfait, parmi de vieilles racines
et de vieux débris de bois attaqués par divers autres insectes (1). Elle se
rapproche beaucoup de celles des *R. depressus, dispar* et *nitidulus,* dont
elle diffère par son 9° segment abdominal unidenté sur les côtés, au lieu
que *depressus* présente plusieurs dents, *nitidulus* 2 et *dispar* aucune,
sur la marge externe dudit segment.

La présente description porte à 4 le nombre des larves connues du
genre *Rhizophagus,* savoir:

R. depressus, Erichson (Ins. Deut. III, p. 227) et Perris (Ann. Fr. 1853, p. 599,
fig. 84-92) ; — *R. nitidulus,* Perris (Larv. Col., p. 28, fig. 13-16) ; — *R. dispar,*
Perris (p. 47, fig. 35) et *R. parallelocollis,* Rey.

FAMILLE DES COLYDITES

Cette famille si variée, à genres si disparates, malgré tout l'intérêt
qu'elle doit offrir, n'a pas donné lieu à bien des découvertes quant aux
premiers états des espèces. Il serait difficile d'assigner aux larves des
caractères communs et généraux. Cinq espèces seulement étaient connues
avant Perris, savoir:

(1) MM. Reinhard, de Dresde, et Fauvel (Faun. sépulchr., Rev. Soc. fr. d'Ent., t. I, 1882,
n° 12) ont constaté fréquemment la présence du *Rhizophagus parallelocollis* dans les cime-
tières. Cette espèce, dont la larve serait vidangeuse selon Perris, est attirée là, sans doute,
pour nettoyer les galeries des divers Rhizophages et Xylophages qui viennent détruire les
racines des arbres malades et les vieux fragments ligneux qu'ils y rencontrent. Elle est commune dans les pièges souterrains, formés de petits fagots de bois que j'enterre pour attirer
les insectes hypogées.

Synchyta juglandis, NORDLINGER (Ent. Zeit. Stett., 1848, p. 256); — *Aulonium sulcatum*, WESTWOOD (Intr., I, p. 147); — *Colydium castaneum* (exotique), MAC-LEAY (Annul. Jav., nº 92); — *C. elongatum*, RATZEBURG (Forstins, I, p. 188, pl. 14, fig. 34 et 35; STURM, Deut. Ins. 1849, t. XX, p. 50, pl. 368); — *C. filiforme*, ERICHSON (Ins. Deut. 1845, p. 280). Dans son Histoire des insectes du Pin maritime, Perris en ajoute 3, *Bitoma crenata*, *Aulonium bicolor* et *Cerylon histeroides* (Ann. soc. ent. Fr., 1853, p. 610 à 616, pl. 18, fig. 101-121). Enfin, dans ses Larves de Coléoptères, 1878, il en publie encore 2 autres, *Endophloeus spinosulus* (p. 51, fig. 36-40) et *Colobicus emarginatus* (p. 54, pl. 41-42).

La plupart des larves de Colydites sont vidangeuses, c'est-à-dire qu'elles se nourrissent des déjections désséchées, laissées par les autres larves dans leurs galeries qu'elles ont la mission de nettoyer.

Je suis heureux de pouvoir ajouter moi-même au catalogue restreint des larves de cette famille une espèce que je suis étonné de trouver inédite, car l'insecte parfait vit en société nombreuse. En voici la description.

LARVE DE L'**Aglenus brunneus**, Gyllenhal.

Long. 2-3 mill. — *Corps* hexapode, allongé, sublinéaire, subcylindrique, subcorné, blanchâtre et luisant ; convexe ; parsemé de fines soies pâles, assez longues, redressées, géminées ou fasciculées.

Tête subtransverse ou subcarrée, inclinée, un peu engagée à sa base, aussi large que le prothorax, subarquée sur les côtés ; éparsement sétosellée ; subdéprimée ; presque lisse, avec 2 légers sillons frontaux, très fins, subarqués, écartés en avant et réunis en ogive sur le vertex, presque contre le bord antérieur du prothorax. *Épistome* plus foncé, tronqué ou à peine échancré à son bord antérieur. *Labre* transverse, testacé, arrondi au sommet. *Mandibules* ferrugineuses, courtes, larges, robustes, arquées en dehors, simples en dedans, à pointe peu acérée. *Palpes maxillaires* assez saillants, épais, de 3 articles graduellement plus étroits ; le dernier moins court, subatténué, mousse au bout. *Palpes labiaux* peu distincts, de 2 articles.

Antennes peu allongées, assez épaisses, pâles, de **4** articles : le 1er très court, large, en forme de socle ou de bourrelet : le 2e moins épais, transverse : le 3e plus étroit, une fois plus long, subcylindrique, tronqué au bout, paré près de son sommet externe d'une légère soie inclinée : le dernier plus court, grêle, sublinéaire, inséré près du côté externe, terminé par une longue et fine soie, accompagné en dedans d'un article supplémentaire bien distinct, un peu plus court que lui.

Prothorax en carré transverse, subparallèle, parfois subrétréci en arrière, tronqué à la base, subangulé à son bord antérieur; pâle; presque lisse, à peine chagriné-strié en avant, non ou à peine cicatrisé vers les côtés; marqué sur sa ligne médiane d'un léger canal, souvent interrompu au milieu.

Mésothorax et *métathorax* courts, subégaux, dilatés-arrondis latéralement, étranglés à leurs intersections; pâles; presque lisses, légèrement fovéolés et plus ou moins mamelonnés sur les côtés.

Abdomen allongé, sublinéaire, pâle, de 9 segments. Les 8 premiers graduellement moins dilatés-arrondis et mamelonnés sur les côtés, et moins étranglés à leurs intersections; presque lisses; marqués chacun, de chaque côté du dos, d'une légère impression oblongue, avec les impressions plus affaiblies en s'approchant de l'extrémité. Le 9e à peine moins large mais un peu plus long que le précédent, unidenté sur les côtés; armé au sommet de 2 forts crochets cornés, à pointe très acérée, redressée en l'air et recourbée en avant, avec 2 stigmates tuberculeux, angulaires et sétifères, situés en dehors et au devant des crochets, et l'échancrure qui sépare ceux-ci, munie dans le fond de 2 petites dents très aiguës, convergentes au point de se toucher presque par leur pointe et d'enclore ainsi une espèce de petite ouverture circulaire ou ovale : toutes ces pointes moins pâles ou subferrugineuses.

Dessous du corps pâle, brillant, éparsement sétosellé. Ventre subconvexe, sillonné sur les côtés au dessous des stigmates, marqué de 2 rangées longitudinales d'impressions légères. *Mamelon anal* peu saillant, subangulé.

Pieds courts, épais, charnus, très pâles, translucides. *Hanches* assez grandes. *Cuisses* oblongues, obconiques. *Tibias* aussi larges à leur base que les cuisses, subatténués et terminés par un crochet solide, subarqué, acéré, brunâtre.

Obs. J'ai trouvé cette larve en septembre, avec l'insecte parfait, dans le terreau des écuries, remises, celliers, hangars et autres lieux couverts. Elle s'enterre, pour se métamorphoser, à 3 ou 4 centimètres de profondeur. Elle ressemble aux larves de *Telmatophilus* et *Cryptophagus*; mais elle est plus linéaire, moins voûtée, et les crochets de sommet de l'abdomen sont moins grêles, précédés de 2 petits tubercules analogues à ceux que Perris nomme *stigmates tuberculeux*; surtout, le fond de l'échancrure qui sépare les 2 crochets, est remarquable par les 2 petites dents convergentes dont il est muni, etc.

NYMPHE

La nymphe est de consistance très molle, d'un blanc de neige. Elle à la tête fortement réfléchie en dessous. Le prothorax, légèrement déclive, est parsemé, ainsi que le mésothorax et le métathorax, de longues soies, insérées sur de petites aspérités ou spinules. Les élytres et les pattes sont repliées en dessous. L'abdomen est découvert, simplement et éparsement sétosellé, avec son dernier segment partagé en 2 lobes larges, courts, peu saillants, mousses et terminés par une longue soie.

FAMILLE DES CUCUJIDES

Je n'ai rien à dire de nouveau sur les larves des Cucujides. Erichson en avait décrit 3 :

Prostomis mandibularis (Arch. Wiegm. 1847, p. 285), *Cucujus haematodes* (Ins. Deut., 1845, p. 310) et *Brontes planatus* (Ins. Deut., 1846, p. 332).

Westwood en a décrit une :

Laemophloeus ater (Intr., 1, 146, fig. 12);

et Blisson une autre :

Silvanus frumentarius (Ann. soc. ent. Fr., 1849, p. 163).

Perris, dans ses insectes du Pin maritime, en ajoute 4 :

Laemophloeus Dufouri (Ann. Fr., 1853, p. 618, pl. 19, fig. 122-126), *Diphyllus lunatus* (Ann. Fr., 1851, p. 42, pl. 2, n° 2, fig. 10-16), *Pediacus dermestoides* (Ann. Fr., 1862, p. 191), et *Silvanus unidentatus* (Ann. Fr., 1853, p. 627, pl. 19, fig. 138-143).

Puis dans ses larves de Coléoptères, il donne la description de celles des :

Laemophloeus testaceus (p. 59), *Dendrophagus crenatus* (p. 60), *Lathropus sepicola* (p. 62) et *Silvanus advena* (p. 65), avec quelques mots sur *Laemophloeus hypobori, Clematidis* et *bimaculatus* (p. 62), *monilis* Bellevoye, et *ferrugineus* Carpentier (suppl., p. 575).

Toutes ces larves, ainsi que l'a observé Perris, sont parasites et vidangeuses des Bostrychides et autres insectes xylophages. Par exemple le :

Lathropus sepicola serait parasite de *Scolytus multistriatus, Hylesinus vitta-*
tus et *Kraatzi;* — les *Laemophloeus testaceus,* de *Dryocoetes capronatus* et
villosus; — *ater,* de *Phloeotribus oleae* et *Phlocophthorus spartii;* — *Cle-*
matidis, de *Xylocleptes bispinus;* — *alternans,* d'*Hypoborus ficus;* —
Dufouri, de *Crypturgus pusillus,* etc. (1).

FAMILLE DES CRYPTOPHAGIDES

Les larves des Cryptophagides, généralement assez connues, ont toutes
un air de famille qui les fait distinguer de prime abord, tel qu'une forme
allongée et sublinéaire, le 9° segment abdominal armé de 2 crochets
recourbés en l'air et les yeux réduits à un petit point noir.

Quatre espèces seulement avaient été signalées avant Perris, savoir :
Cryptophagus Lycoperdi Bouché (p. 191, 18); *cellaris* Newport (Trans.,
1850, 351, pl. 14, 34); *C. pilosus* et *Atomaria nigripennis* Chapuis et
Candèze (Cat. p. 89 et 91). Dans les Annales de 1852 (p. 578, pl. 14),
Perris y ajoute *C. immixtus* et plus tard, dans ses insectes du Pin maritime le *C. Perrisi* (Ann., 1853, p. 633, pl. 19, 144-151), et le *C. dentatus*
(1861, p. 192) (2). Puis, dans ses Larves de Coléoptères, il fit connaître
avec détails les larves des *Telmatophilus brevicollis* (p. 68, fig. 54-58) et
Antherophagus silaceus. Celle-ci, ainsi que ses congénères, opérerait ses
(évolutions dans les nids de Bourdons (*Bombus montanus, sylvarum* et
autres), dont elle est appelée à consommer les déjections.

La larve du *Cryptophagus immixtus,* qu'on trouve souvent sous les écorces des Châtaigniers, jouerait, selon Perris le même rôle à l'égard du
Dryocoetes villosus; celle du *C. denticulatus,* commune sous les écorces
du Marronnier d'Inde, à l'égard du *Symbiotes latus ;* celle du *C. sagi-*
natus, qu'on rencontre dans la poussière des troncs caverneux, à l'égard
de divers insectes qu'on y trouve en même temps (3) ; celle des *C. scani-*
cus et *pubescens,* à l'égard des Guêpes dans les nids desquelles on les
trouve souvent.

---

(1) Le *Laemophloeus castaneus* que j'ai pris sur le chêne, est peut-être parasite du *Taphro-*
rychus bicolor ou de l'*Anobium fulvicorne.*

(2) Ces trois *Cryptophagus* susnommés avaient été donnés sous des noms erronés, que Perris
lui-même a rectifiés plus tard (Larv. col. p. 75). Ainsi, il avait d'abord appelé l'*immixtus,*
dentatus; — le *Perrisi,* Paramecosoma abietis; — le *dentatus,* acutangulus.

(3) J'ai presque toujours rencontré le *Cryptophagus dentatus* et sa larve dans les celliers
et les caves, souvent rongeant les bouchons des bouteilles.

Les larves des *Cryptophagus* ont tant d'analogie entre elles qu'il serait superflu de donner la description de toutes les espèces supposées inédites. Je me bornerai donc à signaler seulement les espèces les plus intéressantes.

LARVE DU **Cryptophagus rufus**, Brisout.

Long. 3 mill. — *Corps* hexapode, allongé, semicylindrique, un peu rétréci aux deux bouts; convexe; d'un testacé pâle, livide et assez brillant, parsemé de quelques longues soies blondes et redressées.

Tête transverse, à peine moins large que le prothorax, à peine arquée sur les côtés, éparsement sétosellée, d'un testacé livide. *Front* arcuément biimpressionné en avant, sillonné sur le vertex. *Epistome* tronqué au sommet, séparé du front par un relief arqué. *Labre* petit, transverse. *Mandibules* assez saillantes, à extrémité noire. *Palpes maxillaires* testacés, débordant peu la tête, à dernier article subatténué.

Yeux représentés par un ocelle lisse, pâle et peu apparent.

Antennes courtes, pâles, de 4 articles : le 1er peu distinct : le 2e court, rétractile : le 8e oblong, assez épais : le dernier plus grêle et plus court, terminé par un petit cil presque indistinct.

Prothorax, *mésothorax* et *métathorax* courts, transverses, subégaux, graduellement subélargis d'avant en arrière, éparsement sétosellés, convexes, faiblement plissés en travers, d'un testacé livide; parcourus sur leur milieu par une très fine ligne longitudinale enfoncée et partant du vertex.

Abdomen allongé, bien plus long que l'avant-corps, convexe, subcylindrique, subatténué en arrière, éparsement sétosellé, d'un testacé pâle et livide; de 9 segments. Les 8 premiers transverses, courts, subégaux, obsolètement plissés en travers, à peine ou faiblement cicatrisés-mamelonnés sur les côtés; parcourus sur leur milieu par une très fine ligne longitudinale enfoncée : le 8e subarrondi au sommet. *Le dernier* court, plus étroit, armé à son extrémité de 2 forts crochets acérés, sensiblement divergents et arcuément recourbés en l'air, pourvus chacun d'une longue soie, vers le milieu de leur arête postérieure.

Dessous du corps, pâle, subdéprimé, éparsement sétosellé, plus ou moins inégal ou mamelonné. *Anus* peu saillant. *Stigmates* peu distincts.

Pieds courts, pâles, très éparsement sétosellés. *Hanches* coniques,

Cuisses assez épaisses, subélargies à leur extrémité. *Tibias* presque aussi épais, subcomprimés, terminés par un petit crochet solide, acéré et subarqué.

Obs. Cette larve a été capturée, ainsi que l'insecte parfait, au printemps, sous les écorces d'un Thuya abattu, en compagnie de celle du *Phlœosinus impressus* Ol. *(Thujae,* Perris), dont elle a la mission de nettoyer les galeries encombrées de déjections et autres matières animalisées.

Larve du **Chryptophagus saginatus**, Sturm.

Cette larve, que je me dispense de décrire complètement, est plus grande que celle de *C. rufus*, avec le prothorax plus développé, le dernier segment abdominal plus court et à crochets terminaux plus robustes, relativement moins longs et moins recourbés, et le mamelon anal plus saillant, etc. Elle vit dans le tan des vieux arbres.

Larve du **Cryptophagus pubescens**, Sturm.

Cette larve, du reste connue de Perris, ne diffère de celle du *C. saginatus* que par sa taille à peine plus forte, sa forme un peu plus déprimée et sa teinte moins brillante. Les segments abdominaux sont plus étranglés à leurs intersections, avec les crochets du 9e un peu plus acérés et un peu plus recourbés. La forme générale est un peu plus allongée, etc. On la trouve, l'automne, en grand nombre, dans les nids de Guêpes, sans que celles-ci cherchent à les contrarier (1).

FAMILLES DES LATHRIDIDES ET MYCÉTOPHAGIDES

Je saute ces deux familles sur lesquelles je n'ai d'autres notions que celles indiquées par Perris, soit dans les Insectes du Pin maritime (1862, fig. 545-555), soit dans les Larves de Coléoptères (1877, p. 77-91, fig. 59-71). Du reste, les larves connues de ces familles, se réduisent à une demi-douzaine pour chaque.

(1) La plupart des larves de Cryptophagides ont une taille plus grande que l'insecte parfait; mais elles deviennent sensiblement plus trapues en approchant de l'époque de leur nymphose.

FAMILLE DES ENGIDIDES OU ÉROTYLIDES

Les larves de cette famille sont peu connues. L. Dufour (Am. Soc. ent. Fr., 1842; p. 191) a décrit celle du *Triplax nigripennis*, et Westwood, celle du même insecte, plus celle de l'*Engis rufifrons* (Intr., 1, p. 393, fig. 49 et, p. 147, fig. 11). Plus tard, Perris, Larv. Col., 1877, p. 570, fig. 574-579) fit connaître les premiers états du *Tritoma bipustulata* (1).

D'après la conformation des larves, je crois que les Engidides doivent être placés à côté des Cryptophagides et Mycétophagides, au lieu d'être relégués, comme on le fait, entre les Phytophages et les Aphidiphages.

FAMILLE DES SCUTICOLLES OU DERMESTIDES

Les larves des Scuticolles ne sont que trop connues par les dégâts qu'ils occasionnent à nos pelleteries, à nos fourrures, à nos lards, à nos musées et à nos collections. Bouché, Sturm, Erichson, Rosenhauer, Letzner, Chapuis et Candèze et Perris, etc. en ont donné, dans divers ouvrages, la description et l'histoire d'un certain nombre, avec des détails de mœurs plus ou moins intéressants. Je vais me permettre ici la description de quelques espèces que je crois inédites.

Larve du **Dermestes gulo**, Muls. (**Peruvianus**, Lap.).

Long. 10-13 mill. — *Corps* hexapode, allongé, épais, subcylindrique, graduellement rétréci en arrière; d'un brun de poix brillant; hérissé de nombreuses soies fauves réunies en faisceaux, avec ceux-ci entremêlés de quelques soies beaucoup plus longues; à 9° segment abdominal armé de 2 forts crochets redressés, mais à pointe recourbée en dessous.

---

(1) Dans l'explication des planches, fig. 574, on a omis le nom de l'insecte parfait, *Tritoma bipustulata*, qu'il faudrait mettre avant le mot larve.

La larve de la *Mycetoca hirta*, Blisson (Soc. ent. Fr., 1849, 315, pl. 9, n° 11) est remarquable par son corps hérissé de soies claviformes.

Tête subtranverse, inclinée, un peu moins large que le prothorax, obsolètement ruguleuse, longuement pilosellée, d'un noir assez brillant. *Front* subdéprimé, marqué d'une impression en forme de chevron à pointe en arrière, prolongée sur le vertex en sillon. *Épistome* tronqué en avant. *Labre* court, subsinué au sommet. *Mandibules* courtes, peu sail-lantes, arquées, noires. *Palpes maxillaires* courts, de 4 articles graduel-lement moins épais : le 1er très court, le 2° un peu moins, le 3° encore moins, celui-ci plus étroit (1). *Palpes labiaux* peu distincts, de 2 articles : le 1er court, épais : le 2° un peu moins court, plus étroit, subatténué.

Yeux peu distincts, réduits à 6 petits ocelles lisses, disposés en ovale transverse.

Antennes petites, noirâtres, de 4 articles apparents : le 1er peu distinct, en forme de socle ou de bourrelet très court : le 2° épais, assez court, subcylindrique : le 3° bien plus long, plus étroit, subcylindrique : le 4° petit, une fois moins long, bien plus étroit, subulé, accompagné en dedans d'un article supplémentaire, très court et peu distinct.

Prothorax assez grand, transverse, subconvexe, subruguleux, longue-ment sétosellé-fasciculé, subimpressionné sur les côtés.

Mésothorax et *métathorax* courts, subégaux, un peu plus longs, pris ensemble, que le prothorax, subconvexes, subruguleux, longuement séto-sellés-fasciculés, subimpressionnés sur les côtés : ceux-ci subarrondis.

Abdomen allongé, graduellement rétréci en arrière, brunâtre, convexe, subétranglé à ses intersections, de 9 segments. Les 8 premiers courts, subégaux, presque lisses, mais hérissés de fascicules de très longues soies d'une fauve obscur, disposées en séries transversales, avec des soies d'un roux fauve, bien plus courtes et semi-couchées le long du bord apical de chaque segment. Le 9° non plus court, mais un peu plus étroit que le précédent, éparsement et longuement sétosellé en arrière, armé de 2 forts crochets cornés, épais et rapprochés à leur base, subdivergents à leur extrémité, subredressés, mais à pointe recourbée en bas, rousse et acérée.

Dessous du corps d'un brun de poix brillant, longuement sétosellé. *Ventre* peu convexe, à soies un peu couchées en arrière. *Mamelon anal* en tube conique, tronqué, un peu plus prolongé que les crochets.

Pieds courts, brunâtres. *Hanches* grandes, allongées, couchées. *Tro-*

---

(1) Perris donne 3 articles aux palpes maxillaires de la larve du *Dermestes aurichalceus*. J'en ai vu ici manifestement 4, dont le 1er très court.

chanters sétosellés en dessous. *Cuisses* épaisses, suballongées, un peu en massue subcomprimée, hispido-sétosellées inférieurement. *Tibias* presque aussi longs, subcomprimés, sétosellés, épineux en dedans, subatténués et terminés par un crochet solide, acéré, subarqué, roussâtre au sommet.

Obs. Cette larve se prend, avec l'insecte parfait, sur les os conservés dans les habitations et dont elle ronge le périoste et les tissus aponévrotiques qui les recouvrent encore.

Elle a, comme la larve du *Dermestes lardarius*, les pointes des crochets du dernier segment abdominal recourbés en bas, mais ceux-ci sont moins épaissis à leur base, plus redressés, plus rapprochés, moins divergents, avec le mamelon anal un peu plus prolongé. Elle est, d'ailleurs, d'une forme plus allongée et plus atténuée en arrière, avec les articulations plus étranglées et les soies plus obscures, ce qui lui donne un aspect un peu plus sombre. Ainsi que le constate la dépouille, elle donne passage à la nymphe par sa partie antéro-supérieure, dont la tête et les trois segments thoraciques restent seuls entr'ouverts.

J'ai vu une autre larve du même genre, plus trapue que celle de *lardarius*, mais à côtés de la tête et des segments du thorax pâles et à pointes abdominales un peu moins recourbées au sommet. Peut-être est-ce là une simple variété ou bien une autre espèce sur laquelle je n'ose me prononcer?

J'ai eu également sous les yeux 3 échantillons d'une larve ressemblant beaucoup à celle du *D. aurichalceus*, décrite d'abord par Perris sous le nom erroné de *mustelinus* qu'il a rectifié plus tard. Elle paraît s'en distinguer par les pointes abdominales sensiblement recourbées en l'air; mais je ne puis savoir à quelle espèce elle se rapporte. Elle semble passablement convenir à la larve du *Dermestes undulatus*, signalée par Chapuis et Candèze (Cat., p. 100).

Larve du **Dermestes cadaverinus**, Fabricius (**Favarcqui**, Godart).

Cette larve dont j'ai dit quelques mots dans une séance de la Société Linnéenne de Lyon (décembre, 1886), ressemble beaucoup à celles des *D. gulo* et *lardarius*, mais elle a les crochets du dernier segment abdominal plus courts et plus droits, à pointe terminale à peine ou nullement recourbée ni en bas, ni en l'air, et, du reste, moins grêle et moins prolongée, etc. — Elle est commune parmi les cocons de Vers à soie provenant de l'extrême Orient, et principalement du *Bombyx textor* dont elle dévore les chrysalides et les papillons desséchés.

Larve supposée du **Dermestes mustellnus**, Erichson.

Long. 8-9 mill. — *Corps* hexapode, subcylindrique, rétréci après son milieu ; brunâtre à partie antérieure rousse ; hérissé de très longues soies fasciculées fauves, très serrées, encore plus longues vers l'extrémité, imprimant à tout l'ensemble une couleur générale fauve.

Tête subtransverse, infléchie, plus ou moins engagée dans le prothorax, un peu moins large que celui-ci, d'un roux de poix brillant, parfois maculée de noir, d'autres fois fauve ou subtestacée ; subaspèrement ponctuée, avec les aspérités donnant naissance à de longues soies fauves. *Front* subdéprimé, creusé sur le vertex d'un petit sillon obsolètement prolongé en avant où il se bifurque d'une manière confuse en forme de chevron. *Épistome* tronqué à son bord antérieur, séparé du front par une arête plus ou moins distincte. *Labre* transverse, roux, subruguleux, subsinué au sommet. *Mandibules* peu saillantes, assez robustes, subarquées, dentées intérieurement, noirâtres à leur extrémité. *Palpes maxillaires* courts, roux, de 4 articles graduellement plus étroits et moins courts. *Palpes labiaux* épais, roux, peu distincts, de 2 articles, le 2ᵉ un peu moins court et moins épais, mousse au bout.

Yeux composés de 6 petits ocelles testacés, brillants, vitreux : 4 supérieurs disposés en trapèze, 2 inférieurs situés plus bas (1).

Antennes courtes, fauves, de 4 articles : le 1ᵉʳ rudimentaire, submembraneux, rétractile : le 2ᵉ suboblong, subcylindrique : le 3ᵉ plus long, suballongé, un peu plus étroit, à peine épaissi vers son extrémité : le dernier bien plus court et plus grêle, subulé, sans article supplémentaire bien distinct, ou bien celui-ci rudimentaire.

Prothorax grand, transverse, un peu plus étroit en avant, à peine arrondi à son bord antérieur, tronqué à la base ; convexe ; plus ou moins légèrement impressionné sur les côtés du disque ; creusé sur son milieu

---

(1) Chez les larves de *Dermestes* dont il a fait mention, Perris n'a vu que 5 ocelles. Ici, j'en ai constaté évidemment 6, peu appréciables dans la larve, mais faciles à nombrer dans la dépouille,

d'un petit sillon longitudinal raccourci; très longuement sétosellé; d'un fauve assez brillant, avec le sillon médian rembruni et une grande tache obscure occupant les côtés du disque, parfois assez réduite, d'autres fois transversale et étendue jusqu'au bord latéral.

Mésothorax et *métathorax* courts, subégaux, un peu plus longs, pris ensemble que le prothorax, convexes, subimpressionnés latéralement, très longuement sétosellés, d'un brun de poix assez brillant avec le milieu et les côtés souvent fauves ou roussâtres.

Abdomen convexe, sensiblement atténué et déclive en arrière dès son milieu, très longuement et densément sétosellé et encore plus longuement vers l'extrémité; d'un brun de poix assez brillant, avec la marge postérieure des segments, surtout des derniers, plus ou moins fauve ou testacée; de 9 segments subégaux. Le 9e plus étroit, inerme, obtusément tronqué au sommet, entièrement d'un noir ou brun de poix.

Dessous du corps longuement sétosellé, d'un brun de poix assez brillant, avec la poitrine et la base du ventre souvent fauves ou testacées. *Ventre* déprimé ou même excavé à sa base, à soies en partie semi-couchées. *Mamelon anal* peu saillant, en forme de tube conique, très court et tronqué.

Pieds courts, fauves, souvent d'un roux de poix. *Hanches* grandes, couchées, sétosellées. *Trochanters* en onglet, sétosellés. *Cuisses* épaisses, suballongées, subcomprimées, subhispido-sétosellées en dessous. *Tibias* moins épais et un peu moins longs, souvent plus obscurs, hispido-sétosellés en dehors, épineux en dedans, atténués vers leur extrémité et terminés par un crochet solide, acéré, arqué, parfois obscur.

Obs. Cette larve se trouve, avec l'insecte parfait, dans les petits cadavres (rats, hérissons, taupes, lièvres, etc.) dont elle dévore les peaux. Elle est remarquable par l'excessive longueur des soies fauves dont tout le corps est garni et par le dernier segment abdominal inerme (1). Ce dernier caractère n'étant signalé nulle part ailleurs, je puis donc donner cette larve comme nouvelle et inédite, sans pourtant pouvoir affirmer qu'elle se rapporte au *Dermestes mustelinus* (2).

---

(1) Bien que les crochets fussent défaut, ainsi que dans les genres *Attagenus*, *Megatoma* et *Anthrenus*, etc., la taille de cette larve et la structure des soies qui sont elles-mêmes brièvement ciliées, ne permettent pas de l'attribuer à un autre genre.

(2) Comme je l'ai déjà dit, la larve décrite par Perris (Ann. Soc. ent., 1853), sous le nom de *mustelinus* appartient à l'*aurichalceus*, rectification ultérieurement opérée par lui-même et tous les récents catalogues. Elle vit dans les grandes bourses de la chenille processionnaire.

La larve supposée du *D. vulpinus* se rapprocherait beaucoup de la précédente. Elle est d'une couleur bien plus obscure dans toutes ses parties; les soies sont également plus sombres, moins longues et moins fournies, la tête est entièrement noire. — Elle se prend souvent parmi les déchets de cocons de Vers à soie. J'ai déjà signalé cette larve à la Société Linéenne de Lyon (décembre, 1886).

D'après toutes les considérations qui précèdent sur les larves du genre *Dermestes,* je m'aperçois qu'on peut les partager en deux groupes : celles à dernier segment abdominal armé de 2 crochets et celles à même segment inerme. Parmi les premières, les crochets sont tantôt recourbés en l'air, tantôt recourbés en dessous, rarement droits.

Larve de l'**Attagenus vigintiguttatus**, Fabricius.

Long. 5. mill. — *Corps* hexapode, suballongé, semicylindrique, arqué ; déclive et rétréci en arrière après son milieu; d'un brun de poix avec la tête fauve et tomenteuse, le ventre et les pieds testacés; revêtu sur le dos d'une très fine pubescence couchée et d'un cendré obscur, entremêlée de soies hispides, noires, assez nombreuses, disposées en séries transversales, les unes couchées, les autres redressées, avec les côtés garnis de soies semblables redressées et entremêlées de quelques très longues soies fines et tirant sur le fauve.

Tête transverse, infléchie, engagée dans le prothorax, moins large que celui-ci, garni d'un très épais duvet tomenteux, fauve et brillant. *Épistome* tronqué en avant. *Labre* obscur, transverse, subruguleux, subtronqué au sommet. *Mandibules* courtes, robustes, peu saillantes, arquées, fauves, à extrémité rembrunie. *Palpes maxillaires* petits, testacés, de 4 articles : le 1er rudimentaire : les 2e et 3e suboblongs : le dernier à peine plus court, plus grêle, subsubulé, atténué. *Palpes labiaux* peu distincts, testacés, de 2 articles.

Yeux peu apparents, composés d'un groupe d'ocelles peu nombreux.

Antennes courtes, testacées, de 4 articles : le 1er en forme de bourrelet : les 2e et 3e suballongés, sublinéaires, subégaux : le dernier une fois plus court, plus grêle, subulé, atténué.

Prothorax transverse, un peu plus étroit en avant, convexe, d'un brun de poix un peu brillant; finement pubescent; paré à la base d'une ran-

gée transversale de soies hispides, noires et redressées et de soies semblables couchées, sur le bord postérieur même ; garni sur les côtés d'une
épaisse brosse de soies noires, horizontales, avec quelques-unes bien
plus longues.

Mésothorax et *métathorax* très courts, subégaux, à peine plus longs,
pris ensemble, que le prothorax ; convexes, d'un brun de poix assez
brillant ; parés et garnis de soies de la même manière que le segment
précédent.

Abdomen voûté, sensiblement rétréci, arqué et déclive en arrière après
son milieu ; d'un brun de poix assez brillant ; de 9 segments. Les 8 premiers très courts, subégaux, paraissant finement réticulés en travers ;
très finement pubescents ; parés chacun, le long du bord postérieur, d'une
rangée transversale de soies hispides, noires, les unes redressées et les
autres couchées en arrière, avec quelques soies redressées semblables
sur les côtés, entremêlées de longues et fines soies moins obscures et
tirant sur le fauve. Le 9º un peu plus étroit, plus court, rétractile, tronqué
et cilié au sommet de soies hispides et obscures, avec 4 faisceaux de très
longues et fines soies blondes : les externes composés de 2 ou trois soies,
les intermédiaires de 4.

Dessous du corps d'un fauve testacé assez brillant. *Ventre* subdéprimé,
garni d'une longue pubescence fauve et couchée. *Mamelon anal* très peu
saillant, rétractile.

Pieds courts, testacés. *Hanches* grandes, couchées, pilosellées, subexcavées en dehors pour recevoir les cuisses. *Trochanters* en onglet, sétosellés. *Cuisses* assez épaisses, suballongées, subcomprimées, un peu élargies vers leur extrémité, hispido-sétosellées en dessous. *Tibias* un peu
plus étroits, un peu plus courts, hispido-sétosellés en dedans, subatténués vers leur sommet et terminés par un crochet assez long, arqué,
très acéré.

Obs. J'ai trouvé cette larve, avec l'insecte parfait, en juillet, dans un
Platane carié, au milieu de dépouilles de *Xylocopa violacea* Lin., dont
probablement elle faisait sa nourriture. Elle ressemble à celle de l'*Attagenus pellio* Lin. et surtout du *piceus* Ol. Elle diffère de cette dernière
par sa couleur générale plus sombre ; par les soies hispides plus robustes, plus nombreuses et bien plus obscures ; par les soies couchées de la
marge apicale des segments un peu moins serrés, plus raides, d'un gris
sombre au lieu d'être fauves ; par les fines soies de l'extrémité de l'abdomen un peu moins longues et surtout bien moins nombreuses. Le

ventre et les pieds sont ordinairement d'une couleur moins foncée, fauve ou testacée, etc. (1).

Larve du **Megatoma undata**, Linné.

Long. 5 mill. — *Corps* hexapode, oblong, assez trapu, subrétréci aux deux extrémités, convexe ; d'un noir de poix brillant, avec la tête moins foncée ; garni d'une pubescence fauve et serrée, plus longue et redressée sur la tête, plus courte et couchée en travers sur les autres segments où elle forme comme des bandes transversales, étroites, limitées en avant par des soies redressées, bien plus longues et un peu plus obscures (2).

Tête transversale, verticale, un peu engagée dans le prothorax, moins large que celui-ci, d'un roux de poix assez brillant parfois assez obscur, d'autres fois fauve ou testacé ; presque lisse ; garnie d'une longue pubescence fauve, redressée et plus ou moins serrée. *Front* peu convexe. *Épistome* subconvexe, largement tronqué en avant, distinct du front par une ligne transversale enfoncée. *Labre* court, transverse, subruguleux, brunâtre, subtronqué et finement cilié au sommet. *Mandibules* courtes, très peu saillantes, arquées, rousses, à extrémité rembrunie. *Palpes maxillaires* petits, obscurs, paraissant de 4 articles : les 3 premiers épais, très courts : le dernier plus long, plus étroit, plus pâle, acuminé. *Palpes labiaux* peu distincts, de 2 articles.

Yeux composées de 5 petits ocelles semiglobuleux, noirs, lisses dont 4 en avant sur une seule ligne subarquée, et 1 plus petit, en arrière.

Antennes courtes, d'un roux de poix, ne paraissant que de 3 articles (3) : le 1er court, épais : le 2e suboblong, un peu moins épais : le dernier un peu plus court, plus étroit, subsubulé, acuminé.

Prothorax assez grand, transverse, rétréci en avant, tronqué au sommet ; assez convexe, transversalement subimpressionné sur les côtés ; lisse ; marqué sur le dos d'un très fin canal longitudinal obsolète, à peine prolongé sur le segment suivant ; d'un brun de poix brillant, avec

---

(1) Les larves des *Attagenus piceus* Ol. (*megatoma*, F.) et *sordidus*, Heer (*fulvipes*, Muls.) se ressemblent tant que je suis disposé à regarder ces 2 espèces comme identiques. C'est, du reste, l'avis des catalogues récents.

(2) Par l'effet des soies et bandes fauves, le corps paraît, en majeure partie, d'un roux fauve.

(3) S'il y en a quatre, comme dans les genres voisins, le 1er serait enfoui et peu apparent.

la marge antérieure fauve et la postérieure parfois d'un roux de poix, re-
couvertes, toutes deux, d'une bande transversale de poils fauves, très
serrés et couchés en travers de dehors en dedans; offrant, sur le dos,
quelques fascicules de soies plus obscures et redressées dont celle du
milieu bien plus longue; paré sur les côtés de 2 fascicules de longues et
fines soies fauves et nombreuses, et, sur le bord apical même, d'une
colerette de soies semblables, inclinées en avant et voilant la tête.

Mésothorax et *métathorax* courts, subégaux, à peine plus longs, pris
ensemble, que le prothorax; convexes, d'un brun de poix brillant; parés
sur les côtés d'un épais fascicule de longues et fines soies fauves, et, sur
leur milieu, d'une bande transversale de poils de même couleur, courts,
très serrés et couchés en travers, précédée d'une rangée de longues soies
redressées, mais d'une couleur un peu plus foncée.

Abdomen convexe, sensiblement rétréci et légèrement déclive en arrière
après son milieu; d'un brun de poix brillant; de 9 segments. Les 8
premiers très courts, subégaux, parés chacun sur leur milieu d'une
bande transversale de poils fauves, courts, très serrés et couchés en
travers, précédée d'une rangée de longues soies redressées et d'une couleur moins claire; ornés en outre, sur les côtés, de fascicules de fines
soies blondes et encore plus longues. Le 9e plus étroit, plus court, rétractile, souvent caché.

Dessous du corps d'un brun de poix assez brillant. *Poitrine* garnie entre les pieds de rangées transversales de fines et longues soies blondes,
serrées et redressées. *Ventre* déprimé, recouvert d'une longue pubescence
blonde, serrée et couchée. *Mamelon anal* peu apparent.

Pieds courts, d'un roux de poix, parfois assez clair. *Hanches* assez
grandes, ciliées, couchées en travers, excavées pour recevoir les cuisses.
Trochanters en onglet, ciliés. *Cuisses* oblongues, assez épaisses, subcomprimées, sétosellées en dessous. *Tibias* un peu plus étroits et un peu
plus courts, ciliés en dehors, épineux en dedans, atténués et terminés
par un crochet solide, arqué, très acéré.

Obs. Cette larve habite les cavités des vieux troncs d'arbres, dans les
galeries pratiquées par le *Xylocopa violacea* Lin. Ainsi que l'insecte parfait, elle se nourrit des dépouilles de ce Mellifère. Pour donner passage
à la nymphe, l'épiderme se fend sur presque toute la longueur du dos,
excepté aux deux bouts. Cette larve est remarquable par ses bandes
transversales d'un jaune doré, formées de poils courts, serrés et couchés
en travers. Elle varie pour la couleur foncière qui, chez les jeunes, est

parfois complètement fauve ou rousse. Quelquefois même le dessous des bandes transversales de poils est d'une couleur plus pâle que le reste du disque.

La larve du *Tiresias serra*, décrite par Perris (Soc. ent. Fr., 1846, p. 399, pl. 9, fig. 4), est plus trapue. Les bandes transversales sont formées de poils couchés plus pâles et bien plus longs. Les soies des derniers segments abdominaux sont très longues, fasciculées et verticales. Les pieds sont relativement assez allongés. L'abdomen ne paraît composé que de 8 segments, dont le 8e entaillé au sommet (1). — Elle vit sous les écorces des vieux arbres, de dépouilles de diverses chenilles.

LARVE DE L'**Anthrenus pimpinellae**, Fabricius,

Long. 2-3 mill. *Corps* hexapode, assez ramassé, brièvement ovalaire, convexe, d'un brun de poix assez brillant, avec la tête, les antennes et les pieds moins foncés ; hérissé de longues soies noires, assez raides et tout à fait redressées, plus fournies et fasciculées en arrière et sur les côtés (2).

Tête transverse, inclinée, un peu engagée dans le prothorax, moins large que celui-ci ; d'un brun ou roux de poix livide, assez brillant, avec la partie antérieure souvent plus pâle ; hérissée de soies noires nombreuses, raides et assez courtes, mais entremêlées d'autres soies plus subtiles et beaucoup plus longues. *Front* subconvexe. *Épistome* très court ou réduit à un liseré, largement subéchancré en avant, distinct du front par un sillon transversal. *Labre* court, transverse, subarrondi au sommet. *Mandibules* peu saillantes, solides, noires à leur extrémité. *Palpes* peu visibles.

Yeux formés d'un petit groupe d'ocelles peu distincts.

Antennes courtes, d'un testacé de poix, de 4 articles : le 1er peu distinct : le 2e et 3e assez épais, subégaux, subcylindriques : le dernier petit, grêle, subulé, recourbé en forme de crochet.

Prothorax grand, transverse, plus étroit en avant, assez convexe, plus ou moins obsolètement sillonné en travers sur son premier tiers, avec de simples impressions transversales sur le dernier tiers ; subchagriné ;

---

(1) Les trois premiers sont très courts et s'emboîtent l'un dans l'autre. Si le 9e existe, il est rétractile et non visible en dessus.
(2) Souvent, un très grand nombre des soies sont tronquées ou épilées.

d'un noir ou brun de poix assez brillant ; hérissé de soies noires assez raides, médiocres, redressées et entremêlées d'autres soies bien plus longues, avec celles des côtés plus nombreuses et fasciculées.

Mésothorax et *métathorax* très courts, à peine aussi longs, pris ensemble, que le prothorax ; convexes, subchagrinés ou très finement ridés en travers ; subimpressionnés le long de leur bord antérieur, de chaque côté de la ligne médiane, qui présente un canal très fin, parfois obscurément prolongé sur le prothorax et sur les premiers segments abdominaux ; obsolètement mamelonnés, d'un brun ou noir de poix assez brillant ; hérissés de soies noires, assez raides, médiocres, et redressées, avec les côtés parés de soies bien plus longues, plus nombreuses et fasciculées ; offrant en outre, ainsi que le prothorax, le long de leur bord postérieur, une série de poils couchés, beaucoup plus courts, très fins et souvent épilés.

Abdomen convexe, assez court, souvent subélargi dans son dernier tiers, d'un brun ou noir de poix brillant, de 9 segments. Les 8 premiers subégaux ; obsolètement chagrinés ou ridés en travers, faiblement subimpressionnés le long de leur base et d'une manière interrompue ; obscurément mamelonnés latéralement ; hérissés de longues soies noires (1), assez raides, redressées et disposées par fascicules, devenant plus longues et plus nombreuses sur les côtés et surtout vers l'extrémité, qui offre souvent des fascicules très serrés et verticalement redressés. Le 9° non apparent, enfoui, émettant quelques soies molles et très longues.

Dessous du corps peu convexe ou subdéprimé, d'un roux de poix livide et assez brillant ; hérissé sur la poitrine, sur les côtés et à l'extrémité, de fascicules de soies noires. *Ventre* recouvert, en outre, de poils obscurs bien plus courts, plus fins et couchés. *Mamelon anal* peu saillant.

Pieds assez courts, d'un testacé de poix livide et subpellucide. *Cuisses* oblongues, subcomprimées, parées en dessous et au sommet de petites épines noires. *Tibias* un peu plus courts, garnis d'épines noires dans tout leur pourtour, subatténués et terminés par un crochet assez fort, acéré, subarqué, brunâtre, armé d'une épine en dessous, vers sa base.

Obs. Cette larve est commune, en juin, dans les nids de Moineaux,

---

(1) A un fort grossissement, plusieurs des soies paraissent très brièvement ciliées et comme subdenticulées.

où elle se nourrit de crins, poils, barbes de plumes et autres substances animales, dont l'oiseau se sert pour confectionner le berceau de sa progéniture. Quand elle veut se métamorphoser, sa couleur devient plus pâle et les soies dont le corps est couvert, tombent en majeure partie. Elle se fend longitudinalement sur le dos pour donner passage à la nymphe. Elle est remarquable par sa couleur obscure, sa forme trapue, et la disposition des soies, qui rappelle un peu celle de la larve du *Trinodes hirtus.*

L'insecte parfait se prend sur les Ombelles et parfois dans les habitations.

Les larves d'Anthrènes sont connues par les ravages qu'elles exercent dans les musées et surtout dans les collections d'insectes. Sur une douzaine d'espèces françaises, 4 ont été étudiées à leur état vermiforme, savoir :

A. scrophulariae, ERICHSON (Ins. Deut., III, p. 454); — *museorum*, ERICHSON (p. 453) et WOLLASTON (Intr. I, p. 160, fig. 14); — *varius*, ERICHSON (p. 460) et *claviger*, LETZNER (Jahr., 1854, p. 82). La larve de l'*Anthrenus pimpinellæ*, décrite ci-dessus, fera donc la cinquième.

FAMILLES DES BYRRHIDES, PARNIDES, HÉTÉROCÉRIDES, ETC.

Je n'ai rien à dire sur ces trois familles, si ce n'est qu'on en connaît 7 larves de publiées, savoir :

Nosodendron fasciculare, Byrrhus pilula, Simplocaria semistriata, Elmis aeneus, et *Heterocerus marginatus,* CHAPUIS et CANDÈZE (Cat. Larv., p. 105-112, pl. III, fig. 6-8); — *Macronychus 4-tuberculatus,* ERICHSON (Deut. Faun., III, 537); — *Heterocerus laevigatus,* LETZNER (Denks. Ges., 1853, p. 205).

TRIBU DES LAMELLICORNES, ETC.

Comme le dit fort bien Perris, il n'est pas un savant qui ne connaisse la forme des larves des Lamellicornes et des Pectinicornes. Les ravages qu'elles exercent souvent aux dépens de nos récoltes, de nos arbres tant de nos jardins que de nos forêts, devraient nous y intéresser d'avantage, afin de pouvoir combattre avec succès ces ennemis redoutables. Mais, si un grand nombre d'entre elles nous sont préjudiciables, quelques autres, par compensation, nous sont d'une grande utilité. Telles sont les espèces coprophages, chargées de dissséminer les déjections animales et les matières végétales en putréfaction et d'en débarrasser la surface du sol, accomplissant ainsi une mission providentielle de salubrité atmos-phérique.

Un grand nombre de larves de Lamellicornes ont été étudiées, décrites et figurées dans divers ouvrages ; il serait trop long de les énumérer toutes. Mulsant en a donné une certaine quantité. Perris, qui en a fait connaître plusieurs pour sa part, a résumé leurs caractères dans un tableau savant, qui ne comprend pas moins de 6 pages in-8° (Larv. Col., p. 98).

On les reconnaît à leur corps hexapode, allongé et plus ou moins voûté ou arqué; à leur tête grande mais néanmoins généralement un peu moins large que le prothorax; à leurs segments thoraciques et abdomi-naux plus ou moins plissés en travers, avec le dernier de ceux-ci très développé et plus ou moins infléchi. Les yeux sont nuls, ou, rarement, représentés par un granule ocelliforme.

Puisque le cas se présente, je donnerai ici la description d'une espèce que je crois inédite.

Larve de l'**Oxyomus porcatus**, Fabr. (**Sylvestris**, Scop.).

Long. 3-4 mill. — *Corps* hexapode, charnu, assez flasque, allongé, voûté et fortement arqué en demi-cercle; longuement et éparsement sétosellé ; d'un blanc livide et assez brillant avec la tête d'un testacé de poix, et une large transparence brunâtre sur le dos de l'adomen.

Tête subarrondie, verticale, un peu moins large que le prothorax, parsemée de quelques rares et longues soies redressées ; d'un testacé de poix luisant avec une transparence brunâtre de chaque chaque côté au-dessus des antennes. *Vertex* convexe, marqué sur son milieu d'une fine ligne enfoncée. *Front* subdéprimé, offrant en avant 2 légers sil-lons longitudinaux, un peu plus écartés antérieurement, parfois réduits à des points, avec quelques rugosités tout autour et 2 points enfoncés plus marqués de chaque côté en dehors. *Épistome* grand, transverse, large-ment tronqué au sommet, obsolètement biponctué sur son disque, distinct du front par une suture transversale. *Labre* transverse, d'un testacé de poix, bisinué ou subtrilobé à son bord antérieur, parfois biponctué sur son milieu. *Mandibules* assez saillantes, assez robustes, arquées, obtusément dentées en dedans, ferrugineuses à sommet plus foncé. *Palpes maxillaires* de 4 articles : le 1er très court, épais, en forme de socle : les 2e et 3e assez épais, un peu plus longs, subégaux : le dernier un peu plus étroit et un peu plus long, subatténué.

Yeux lisses ou nuls.

Antennes médiocres, de 5 articles : le 1er épais et très court, en forme de socle : le 2e plus grêle, suballongé, subcylindrique : le 3e à peine plus court : le 4e obconique, aussi long que le précédent : le dernier plus étroit, un peu plus court, subsubulé, subatténué au bout.

Prothorax d'un blanc livide et brillant, transverse, fortement plissé en travers, plus ou moins cicatrisé ou mamelonné sur les côtés.

Mésothorax et *métathorax* plus courts, à peine plus larges, subégaux, d'un blanc livide et assez brillant ; plus ou moins fortement cicatrisés ou mamelonnés sur leurs côtés ; partagés par un pli transversal en 2 bourrelets, dont chacun offre sur le dos une rangée de petites spinules ou de très petits granules obscurs, surmontés d'une soie spiniforme, courte et redressée.

Abdomen voûté, fortement arqué ou contourné en dessous en spirale ou en demi-cercle ; de 9 segments ; d'un blanc livide assez brillant, avec une large transparence brunâtre, longitudinale, dorsale, s'élargissant un peu en arrière et commune aux 4 ou 5 derniers. Les 7 premiers plus ou moins fortement cicatrisés ou mamelonnés sur les côtés, plus ou moins plissés en travers sur le dos, avec les bourrelets, déterminés par les plis, parés d'une série transversale de petites spinules obscures et redressées, peu distinctes sur le 7e : le 8e un peu plus grand, moins plissé : le 9e encore plus grand, plissé en travers sur le dos, mamelonné latéralement, mousse ou subtronqué au sommet, généralement immaculé.

Dessous du corps légèrement mamelonné, subdéprimé, d'un blanc livide. *Mamelon anal* peu saillant, paraissant parfois comme obscurément bilobé. *Stigmates* au nombre de 9 paires.

Pieds assez développés, pâles. *Hanches* allongées, subcylindriques. *Trochanters* assez grands. *Cuisses* oblongues, un peu en massue, parées en dessous de 2 ou 3 soies spiniformes. *Tibias* presque aussi longs, mais un peu plus étroits, munis en dessous de quelques soies spiniformes, à peine atténués au bout et terminés par un très petit crochet grêle, à peine arqué, infléchi.

Obs. Cette larve ressemble à la plupart des autres larves d'Aphodies. Elle se tient à une certaine profondeur en terre, où elle vit de matières animales ou végétales en décomposition et y opère ses dernières métamorphoses. Elle reste près de deux mois avant de passer à l'état de nymphe. Je l'ai rencontrée dans les mois de juin et juillet.

Je n'ai rien à dire sur la classification des larves de Lamellicornes, déjà traitée de main de maître par Perris. Celles des Pectinicornes n'en diffèrent que légèrement, si ce n'est par l'absence de spinules ou soies spinuliformes sur le 7° segment abdominal et les suivants, et l'absence de plis transversaux bien accusés sur tous les segments, excepté la tête, etc.

On sait que les larves des Cétoines marchent sur le dos et jamais autrement. (J. H. Fabre, Souv. ent., 3° série, 1886, p. 52). Pour opérer leur nymphose, elles se construisent une espèce de cocon en terre dont elles enduisent la paroi intérieure d'une matière glutineuse, qu'elles ont la propriété de sécréter.

TRIBU DES STERNOXES

FAMILLE DES BUPRESTIDES

Les larves de cette tribu se reconnaissent au premier coup d'œil par leur tête très petite, enchâssée dans le prothorax qui est très grand, en forme de disque transverse ou de demi-disque, tandis que l'abdomen est généralement bien plus étroit et sublinéaire, à segments plus ou moins étranglés à leurs intersections. Elles sont apodes.

On en connaît un assez grand nombre d'espèces, dont Perris peut revendiquer au moins la moitié à son honneur et gloire, et qu'il a classées dans un tableau de 2 grandes pages in-8° (Larv. Col., p. 155). Schiœdte en a fait connaître un certain nombre dans son Journal d'histoire naturelle (1869, t. VI, 1er et 2e part, p. 361 et suiv., pl. I, fig. 1-15, et pl. II, fig. 1-22). Les autres sont dues aux publications de Léon Dufour, Chapuis et Candèze, Ratzebourg, Westwood, Mulsant et Revelière, etc.

Les unes sont lignivores, d'autres phytophages ou herbivores, et, en tous cas, presque toutes nuisibles.

FAMILLE DES EUCNÉMIDES ET ÉLATÉRIDES

Les larves des Eucnémides, surtout celle du *Melasis buprestoides* figurée et décrite par Chapuis et Candèze (Cat. Larv. Col., p. 138, pl. IV, fig. 7) auraient beaucoup d'analogie avec celles des Buprestides. Quant à celles des Élatérides, d'après leur conformation, elles constitueraient, pour Perris et pour moi, une famille bien distincte, et viendraient détruire l'ancienne manière de voir de Dejean et autres qui les réunissaient aux Buprestides sous le nom de Sternoxes. Le développement du prosternum de l'insecte parfait, il est vrai, est un caractère qui leur est commun ; mais la faculté de sauter, quand on les met à la renverse, n'a été dévolue qu'aux Élatérides, et c'est là une raison déterminante, sans compter le secours que l'on peut tirer de leur état vermiforme. Les larves des Buprestides, ainsi qu'il a déjà été dit, sont apodes, à prothorax très large et fortement dilaté (1), au lieu que celles des Élatérides sont hexapodes, sublinéaires et à prothorax non plus dilaté que les segments suivants. Celles-ci se reconnaissent, de prime abord, par leur forme généralement allongée, semi-cylindrique et subparallèle, par leur tête subexcavée ou au moins déprimée antérieurement, et par leurs mâchoires à onglet terminal interne souvent articulé et représentant ainsi un deuxième palpe maxillaire, comme chez les larves de Carabiques. Elle ont beaucoup d'affinité entre elles quant à la forme générale, à part, toutefois, celles du genre *Cardiophorus*.

Bien qu'on rencontre la plupart des larves d'Élatérides dans la carie et la poussière des vieux arbres, elles ne sont pourtant point lignivores. D'après Perris (Am. fr., 1853, p. 155), elles seraient plutôt carnassières et à défaut vidangeuses, et elles se nourriraient de matières animalisées, excréments et dépouilles, qu'elles trouvent en abondance dans la vermoulure où elles serpentent. Il faut toutefois en excepter le genre *Agriotes*, dont les larves sont essentiellement nuisibles aux plantes et surtout aux céréales.

Un certain nombre de larves d'Élatérides avaient été déjà décrites par Blisson, Bouché, Brauer, Chapuis et Candèze, Curtis, de Geer, Dufour, Harris, Letzner, Lucas et Westwood, etc., quand Perris vint encore en

---

(1) Ce qui leur donne une forme *de pilon*, selon l'expression pittoresque de Perris.

faire connaître un plus grand nombre. Il les a classées toutes par genres, dans un tableau de près de 3 pages et qui est d'un puissant secours pour leur détermination. Schiœde a également publié un travail intéressant sur les larves de la même famille (Nat. Tidss., 1870, t. VI, 3º part., p. 472-526, pl. III-IX).

Je me permets d'en décrire quelques-unes que je crois inédites.

Larve supposée de l'**Athous difformis**, Lacordaire.

Long. 14-16 mill. — *Corps* hexapode, allongé, presque parallèle, peu convexe, subdéprimé et parcouru sur le dos par un fin sillon canaliculé, non prolongé sur la tête ni sur le dernier segment abdominal ; très éparsement sétosellé-fasciculé, à soies longues et fauves ; entièrement d'un roux châtain clair et brillant.

Tête transverse, à peine moins large que le prothorax, déprimée-subimpressionnée en avant ; éparsement et longuement sétosellée, presque lisse ; d'un roux châtain brillant, plus foncé antérieurement. *Front* longitudinalement bisillonné, à sillons parfois subfovéolés sur le vertex, creusé de chaque côté d'une fossette bien distincte, située derrière la base des mandibules. *Épistome* peu tranché, bisinué à son bord antérieur avec le le lobe médian tridenté. *Labre* caché. *Mandibules* fortes, saillantes, falciformes, assez brusquement coudées à leur naissance, subconcaves à leur face supérieure, fortement unidentées à la base de leur tranche interne, ferrugineuses, à extrémité très largement rembrunie. *Palpes maxillaires* assez développés d'un roux testacé, de 4 articles : le 1er assez court, subcylindrique, plus pâle et pellucide à sa base : le 2e plus long que les autres, subcylindrique : le 3e court, un peu plus étroit : le dernier plus grêle, subsubulé, mousse au bout. *Onglet des mâchoires* articulé, de 2 articles : le 1er court, épais, oblique : le 2e moins épais, mousse et bicilié au bout. *Palpes labiaux* petits, d'un roux testacé, de 2 articles : le dernier moins épais, subulé.

Yeux peu distincts, représentés parfois un petit point nébuleux.

Antennes rousses, assez courtes, insérées en dehors de la base des mandibules, de 4 articles : le 1er en forme de socle, submembraneux : le 2e allongé, un peu en massue tronquée : le 3e moins long, moins épais : le dernier bien plus grêle, sublinéaire, tricilié au bout, accompagné à sa base d'un autre petit article supplémentaire.

Prothorax en carré transverse, peu convexe, d'un roux châtain brillant, presque lisse, paré seulement de 2 ou 3 longues soies situées sur les côtés derrière le bord antérieur et de 2 autres en arrière dont une bien plus longue.

Mésothorax et *métathorax* courts, aussi longs, pris ensemble, que le prothorax, peu convexes; presque lisses, à peine plissés en travers à leur base ainsi que le prothorax, obsolètement substriolés le long de leur bord postérieur, parcourus sur leur ligne médiane par un fin sillon canaliculé, prolongé également sur le prothorax et les 8 segments abdominaux suivants; d'un roux châtain brillant; parés sur leurs côtés de 1 ou 2 longues soies redressées.

Abdomen allongé, subparallèle, peu convexe ou même subdéprimé sur sa ligne médiane, d'un roux châtain brillant plus ou moins clair; de 9 segments. Les 8 premiers courts, subégaux, offrant le long de leur bord apical un repli obsolète, souvent très finement striolé en long; creusés chacun, outre le sillon médian, d'un sillon sublatéral, suboblique, raccourci en arrière, recourbé en dedans antérieurement et à bord externe formant arête; marqués, sur au moins leur premier tiers, de rides transversales nombreuses, parfois converties en points irréguliers sur les 2 ou 3 derniers; parés sur leurs côtés de 2 ou trois longues soies dont la 3e plus courte quand elle existe. Le 9o plus grand, un peu déclive, en demi-ellipse, convexe dans le milieu de sa base, subdéprimé sur le reste de sa surface; subobliquement bisillonné, marqué de quelques rides subtransversales sinueuses, creusé sur son milieu d'une forte fossette oblongue; relevé sur les côtés en rebord subarqué et muni de 4 dents subémoussées, les 2 antérieures simples, les postérieures sétigères, avec quelques autres moindres en dehors et un peu en dessous, la plupart sétigères; terminé au sommet par 2 prolongements enclosant entre eux une échancrure subcirculaire et divisés eux-mêmes en 2 dents: l'interne courte, épaisse, mousse ou subtronquée: l'externe plus longue, recourbée en l'air en forme de croc et un peu déjetée en dehors: toutes ces dents un peu rembrunies au sommet. *Stigmates* peu tranchés.

Dessous du corps d'un roux luisant assez pâle, plus obscur au prosternum. *Ventre* subdéprimé ou peu convexe, presque lisse, très éparsement sétosellé, creusé de chaque côté d'un fort sillon longitudinal. *Mamelon anal* rétractile, renfermé dans un tube circulaire, circonscrit lui-même en arrière par un rebord saillant en demi-cercle.

Pieds courts, d'un roux châtain, fortement et densément épineux en dessous dans toutes leurs parties. *Tibias* terminés par un long crochet acéré, grêle et arqué à son extrémité, dilaté-subangulé à la base.

Obs. J'ai tout lieu de croire que cette larve se réfère à l'*Athous difformis*, parce que je l'ai toujours trouvée en terre avec la ♀ de cet insecte, et que, dans la localité où je l'ai capturée, on ne rencontre guère communément que cette espèce.

Elle diffère de la larve de l'*Athous hirtus* par une forme plus étroite et par sa couleur rousse et par la dent externe des prolongements abdominaux plus longue et plus redressée.

Chez les jeunes sujets, les rides transversales des segments addominaux, surtout du 9°, sont plus obsolètes ou même souvent nulles.

LARVE SUPPOSÉE DE L'**Athous puncticollis**, Kiesenwetter.

La larve de l'*A. puncticollis* ne différerait de celle de l'*A. difformis* que par sa taille moindre, par ses intersections un peu rembrunies et par les segments abdominaux (1-8) finement et très éparsement pointillés, etc.

Obs. — Elle se prend, en février, dans la carie des vieux arbres, dans la France méridionale. Je ne la donne que sous toute réserve.

LARVE SUPPOSÉE DU **Limonius cylindricus**, Paykull.

Long. 12-18 mill. — *Corps* hexapode, très allongé, semicylindrique, corné, longuement et très éparsement sétosellé, d'un roux testacé brillant, avec la bouche rembrunie.

Tête subsemicirculaire, saillante, un peu moins large que le prothorax, peu convexe ; presque lisse ; marquée sur son milieu de 2 fines lignes enfoncées, arquées, convergentes et circonscrivant un espace elliptique tronqué sur le vertex ; d'un roux testacé brillant. *Épistome* subimpressionné. *Mandibules* courtes, robustes, arquées, unidentées en dedans, rainurées en dessus, noirâtres. *Palpes* peu distincts, testacés.

Yeux réduits à un petit point noir, situé au-dessous d'une petite fossette ombiliquée, sétigère (1).

---

(1) En général, les larves des Élatérides présentent à la partie antérieure de la tête 4 fossettes ombiliquées, sétigères.

Antennes très courtes, très épaisses, d'un roux testacé, à 3ᵉ article un peu plus étroit : le dernier très petit, très grêle, sétiforme, déjeté en dehors, sans article supplémentaire distinct.

Prothorax en carré à peine atténué en avant, subsemicylindrique, subrectiligne sur les côtés ; assez convexe ; d'un roux testacé brillant ; marqué le long de son bord antérieur de très fines strioles longitudinales, serrées et assez prolongées, et, sur sa ligne médiane, d'une très fine ligne enfoncée, peu distincte, prolongée sur tous les segments thoraciques et abdominaux, excepté sur le dernier.

Mésothorax et *métathorax* courts, aussi longs, pris ensemble, que le prothorax, à peu près de la même largeur que lui, subégaux, subarqués sur les côtés et subétranglés à leurs intersections ; assez convexes ; presque lisses ; d'un roux testacé brillant.

Abdomen très allongé, 2 fois aussi long que le reste du corps, sublinéaire, subsemicylindrique, d'un roux testacé brillant ; de 9 segments. Les 8 premiers assez courts, transverses, subégaux, subétranglés et subsillonnés à leurs intersections ; presque lisses ou très vaguement ponctués, avec de très fines strioles longitudinales obsolètes sur le sillon postérieur ; surmontés chacun sur les côtés d'une arête arquée et oblique. Le 9ᵉ plus grand, en forme de demi-ellipse, à disque plan, très inégal ou grossièrement ridé en tous sens ; épaissement rebordé et obtusément bidenté sur les côtés ; terminé par 2 prolongements à peine ou très obtusément bidentés, fortement convergents à leur sommet interne au point de se toucher presque, en circonscrivant un espace circulaire vide : la dent externe plus courte et moins saillante que l'interne, celle-ci non relevée en l'air. *Stigmates* peu tranchés.

Dessous du corps peu convexe, presque lisse, d'un roux testacé brillant. *Ventre* fortement rebordé sur les côtés en forme de tranche, à arceaux plus ou moins étranglés à leurs intersections. *Mamelon anal* grand, circulaire, entouré en arrière d'un rebord corné, en demi-cercle ou en ogive obtuse.

Pieds très courts, assez épais, testacés, garnis, surtout en dessous, d'aspérités épineuses plus ou moins serrées et brunâtres, tant aux hanches qu'aux autres pièces, avec quelques longues soies pâles et raides. *Tibias* terminés par un crochet solide subarqué et plus foncé.

Obs. J'ai trouvé cette larve dans la terre, au pied d'un mur. D'après la classification de Perris, elle doit peut-être se rapporter au genre *Limonius*. Toutefois, je ne la donne que sous toute réserve.

LARVE SUPPOSÉE DU **Limonius nigripes**, Gyllenhal.

Je ne donnerai qu'une phrase comparative de cette espèce, tant elle ressemble à la précédente. Elle est bien moins allongée, moins convexe, moins cylindrique, un peu rétrécie aux deux extrémités. Les antennes sont un peu moins épaisses et leur dernier article est un peu plus court. Le prothorax, un peu plus transverse, n'est nullement strié à sa partie antérieure. Les segments suivants sont relativement plus courts et bien moins étranglés à leurs intersections, et le 9e, avec la même armure, est bien moins inégal, moins déprimé, plus uni sur son disque, qui, au lieu de rides grossières, offre simplement 4 légers sillons longitudinaux dont les intermédiaires raccourcis.

Obs. Elle se trouve de la même manière. Je ne la donne également qu'avec doute.

LARVE DU **Melanotus rufipes**, Herbst. (1)

Long. 20 mill. — *Corps* hexapode, très allongé, sublinéaire, subcylindrique, corné à peine sétosellé, d'un roux luisant, avec la bouche rembrunie.

Tête saillante, subsemicirculaire, presque aussi large que le prothorax, peu convexe, presque lisse ou à peine pointillée ; marquée sur le vertex de 4 lignes enfoncées, très fines, arquées ou subsinueuses, concentriques, se regardant et rapprochées en arrière ; creusée de chaque côté du disque de 2 pores sétifères à longue soie redressée et, vers la base, d'un sillon ponctué venant aboutir au pore sétifère postérieur (2) ; subdéprimée et fortement quadrisillonnée en avant, à sillons externes souvent plus courts et imprimés en arrière d'un fort pore sétifère ; d'un roux de poix brillant, graduellement plus foncé antérieurement. *Épistome* obscur, bisinué, à lobe médian avancé en forme de dent. *Mandibules* assez courtes, robustes, arquées, sillonnées en dessus, noires, armées en dedans d'une dent basi-

---

(1) La larve décrite par Perris sous le nom de *rufipes* (Ann. Soc. ent., 1854, p. 134) se rapporte, selon moi, au *M. crassicolis* Er., si commun dans la France méridionale.

(2) En dehors et un peu en dessous, il existe 2 autres pores semblables, mais un peu moindres.

laire. *Palpes* courts, épais, roux, à dernier article plus étroit, subatténué, mousse.

Yeux nuls ou peu apparents.

Antennes courtes, très épaisses, d'un roux de poix, à 4º article court et très grêle, terminé par 2 cils et à article supplémentaire peu distinct.

Prothorax presque carré, semicylindrique, rectiligne sur les côtés ; convexe, d'un roux luisant ; presque lisse ou très vaguement pointillé ; très finement striolé le long de son bord antérieur ; marqué sur sa ligne médiane d'une fine ligne enfoncée, prolongée sur les segments suivants, excepté sur le dernier.

Mésothorax et *métathorax* courts, transverses, aussi longs, pris ensemble, que le prothorax, de la même largeur que lui ; subégaux, presque droits sur les côtés, subsemicylindriques ; convexes, presque lisses ou très vaguement pointillés ; obsolètement striolés le long de leur base ; d'un roux brillant.

Abdomen très allongé, environ 3 fois aussi long que le reste du corps, sublinéaire, subcylindrique, d'un roux luisant. Les 8 premiers segments transverses ou subtransverses, subégaux, très finement et obsolètement striolés le long de leur bord apical ; vaguement et très éparsement ponctués ; marqués, outre le sillon canaliculé médian, de 2 sillons latéraux, dont l'interne plus fort et raccourci en arrière, et l'externe très fin, séparant la page supérieure de l'inférieure. Le 9º bien plus grand, en demi-ellipse oblongue ; subconvexe, grossièrement ponctué et quadrisillonné à sa base, à sillons intermédiaires plus longs et prolongés jusqu'au milieu ; subruguleusement ponctué et distinctement ridé en travers dans sa partie postérieure, où il est épaissement rebordé et sinué-denté sur les côtés, et fortement tridenté au sommet, à dents mousses au bout, la médiane bien plus saillante et conique. *Stigmates* circulaires, assez tranchés, brunâtres.

Dessous du corps assez convexe, d'un roux luisant. *Ventre* parfois plus pâle, à 8 premiers arceaux très vaguement pointillés, très finement striolés le long de leur bord postérieur : le 9º plus distinctement et subruguleusement ponctué en arrière, éparsement sétosellé. *Mamelon anal* assez petit, subcirculaire, entouré en arrière d'un rebord corné, subogival.

Pieds très courts, subcomprimés, roux, hérissé de nombreuses épines brunâtres et de quelques longues soies plus pâles. *Tibias* terminés par un crochet solide, assez long, assez grêle, arqué, plus foncé.

Obs. Cette larve est commune dans les vieilles souches, à une certaine profondeur en terre, où elle vit de dépouilles d'insectes lignivores et d'autres substances animales desséchées.

Souvent, surtout dans les jeunes, la marge postérieure des segments est rembrunie, plus largement et plus fortement sur côtés, qui paraissent alors tachés de brun à chaque intersection.

Elle ressemble beaucoup à la larve du *M. crassicollis (rufipes*, Perr.) (1) Elle est à peine moins étroite et moins allongée, avec le dernier segment abdominal plus excavé postérieurement en dessus et surtout à dents latérales et apicales bien plus saillantes, et le dessous plus finement ponctué, etc.

LARVE SUPPOSÉE DU **Melanotus tenebrosus**, Erichson.

Je donne ici, en quelques mots, une phrase comparative d'une larve que je crois appartenir au *Melanotus tenebrosus*. Elle est moindre, moins allongée, moins linéaire, moins convexe et moins cylindrique que celle du *M. rufipes*. Les segments thoraciques, surtout les mésothorax et métathorax, sont plus courts. Les segments abdominaux sont également plus transverses, plus distinctement ponctués, plus généralement bordés de brun postérieurement, sans apparence de fines strioles aux bords antérieur et postérieur, lesquelles sont remplacées par une très fine ponctuation obsolète. Ce dernier caractère la sépare également de la larve du *M. crassicollis*, sans compter la moins grande saillie des dents terminales du dernier segment, etc.

La larve supposée du *M. castanipes* serait plus grande, avec les dents du dernier segment abdominal tout à fait nulles.

LARVE DE L'**Elater subdepressus**, Rey.

Long. 13 mill. — *Corps* hexapode, allongé, sublinéaire, semicylindrique, corné, très éparsement sétosellé, plus ou moins fortement ponctué ; d'un roux testacé brillant, avec la bouche obscure et les intersections un peu rembrunies.

(1) Dans l'explication des planches, chez Perris (Ins. Pin. maritime), fig. 219, au lieu de *Melanopus*, il faut lire *Melanotus*.

Tête saillante, transverse, subhorizontale, à peine moins large que le prothorax, peu convexe ; impressionnée et quadrisillonnée en avant ; assez finement et éparsément ponctuée ; marquée de 2 pores sétifères sur les côtés et de 2 autres sur le devant ; d'un roux un peu châtain et brillant, avec la partie antérieure plus obscure. *Épistome* offrant en avant une pointe médiane subacérée. *Labre* caché. *Mandibules* courtes, robustes, arquées, d'un noir de poix. *Palpes* courts, testacés.

Yeux indiqués par un petit point noir.

Antennes courtes, épaisses, rousses, à 4e article plus court et plus grêle et terminé par 2 cils, à article supplémentaire peu distinct.

Prothorax carré, semicylindrique, rectiligne sur les côtés, convexe, d'un roux brillant, avec un léger repli un peu plus foncé, le long des bords antérieur et postérieur ; paré sur les côtés de 2 ou 3 soies blondes et redressées, 2 en avant et 1 en arrière ; assez fortement et éparsement ponctué, plus densément et sérialement sur les replis où les points sont parfois convertis en strioles longitudinales ; parcouru sur sa ligne médiane par un fin sillon canaliculé.

Mésothorax et *métathorax* courts, aussi longs, pris ensemble, que le le prothorax, semicylindriques, convexes ; d'un roux testacé brillant, avec un léger repli postérieur un peu plus foncé ; parés en arrière sur leurs côtés d'une longue soie redressée ; éparsement mais plus grossièrement ponctués que le prothorax, avec une série transversale de points bien plus fins et plus serrés, parfois substriolés, sur le repli postérieur ; parcourus chacun par un très fin sillon canaliculé, faisant suite à celui du prothorax et prolongé, d'une manière plus distincte, sur les segments abdominaux, excepté sur le dernier.

Abdomen allongé, presque 3 fois aussi long que le reste du corps, semicylindrique, sublinéaire, d'un roux testacé brillant, avec les intersections plus obscures ; de 9 segments. Les 8 premiers courts, subégaux, convexes, parés chacun en arrière sur les côtés, d'une soie blonde ; grossièrement et modérément ponctués, avec la ponctuation convertie en série transversale de petits points serrés et souvent transformés eux-mêmes en strioles longitudinales, sur le repli postérieur : marqués sur les côtés de leur disque d'un sillon longitudinal, un peu oblique et raccourci en arrière, et, tout à fait sur la sur la marge, d'une fine arête en forme de rebord. Le dernier en ogive oblongue, convexe, fortement, densément et subrugueusement ponctué ; creusé de chaque côté d'un sillon canaliculé, prolongé jusqu'après le tiers antérieur ; marqué dans sa dernière moitié dé quelques rides transversales indécises ; terminé par une petite et courte pointe cornée ; paré sur les côtés de 1 ou 2 longues soies redressées et au sommet de 3 soies semblables. *Stigmates* bien tranchés, brunâtres.

Dessous du corps glabre, d'un testacé très pâle et brillant, à intersections plus foncées. *Ventre* peu convexe, limité de chaque côté par un sillon longitudinal profond ; éparsement et légèrement ponctué sur son disque. *Mamelon anal* subcirculaire, entouré en arrière d'un rebord corné, subogival.

Pieds épais, très courts, comprimés, fortement épineux en dessous, roux, à hanches plus pâles. *Tibias* formant un angle droit avec les cuisses qui sont élargies à leur extrémité, terminés par un ongle saillant, assez grêle, subarqué, dilaté-angulé en dessous à sa base, acéré à son sommet.

Obs. J'ai trouvé cette larve à Villié-Morgon (Rhône), avec l'insecte parfait, dans l'intérieur d'un saule carié.

Elle ressemble à la larve de l'*E. sanguineus*. Elle est moindre, moins allongée et plus fortement ponctuée. Le prothorax est sans sillons en forme de V. Le dernier segment abdominal n'offre que les 2 sillons externes et la pointe terminale est plus courte, etc.

Les larves du genre *Elater (Ampedus*, Dej.) ont une certaine analogie avec celles des *Agriotes*. Seulement, le dernier segment abdominal est dépourvu, à sa base, de ces deux trous rembrunis sur leur périmètre et simulant un gros stigmate.

L'*Elater subdepressus* Rey (inédit) ressemble un peu au *coccinatus* Rye. Mais, il est plus grand, plus large, un peu moins convexe ; les stries des élytres sont plus fines, avec les interstries plus larges, etc. Le prothorax est moins brillant que chez *aurilegulus* Schauf., à sillon moins prolongé en avant, etc.

La larve de l'*Agriotes ustulatus* Schall, diffère de celle du *lineatus* Lin., par sa taille plus grande, sa couleur plus obscure et sa texture moins lisse, avec la pointe terminale moins fine et plus prolongée. Celle du *Gallicus* Luc. est moindre que celle de *sputator* Lin. et souvent plus fortement sétosellée en arrière (1).

_____

(1) A propos des larves d'*Agriotes*, je dois rappeler que celles-ci, ainsi que la chenille de l'*Agrotis tritici*, sont très nuisibles à nos Céréales (Froment, Seigle, Orge, Maïs) dont elles rongent le collet des racines, selon la plupart des auteurs.

TRIBU DES MALACODERMES

Cette tribu qui, avec ses voisines, faisait partie des Serricornes de Latreille, se subdivise elle-même en plusieurs familles distinctes, dont les larves ont peu de rapports entre elles.

FAMILLE DES FOSSIPÈDES OU CÉBRIONIDES

Il n'y a de connue, dans cette famille, que la larve du *Cebrio gigas*, signalée d'abord par Lucciani et Lefébure de Cerisy, puis figurée ou plus longuement décrite par Guérin-Méneville, Chapuis et Candèze (Cat. Larv., p. 148, pl. V, fig. 4), J. Duval (Intr., pl. XIV, fig. 4) et Bourgeois (Cebr. t. 4, p. 5). Elle ressemble beaucoup aux larves des Élatérides, sauf le dernier segment abdominal. Elle est, en outre, remarquable par la structure des mandibules qui sont dilatées, aplaties et comme foliacées, par les pieds antérieurs très courts et comme atrophiés et par les rides transversales profondes du métathorax et du 1er segment abdominal, etc. (1).

FAMILLE DES BRÉVICOLLES OU DASCILLIDES

Dans cette famille, on connaît les larves et métamorphoses des *Dascillus cinereus* Erichson, Chapuis et Candèze et Bourgeois ; — *Helodes minuta* ou *pallida* Erichson, Chapuis et Candèze, Bourgeois et Tournier ; — *H. marginata* Tournier (Dascill. 1868, p. 12, pl. I, fig. 2) ; — *Microcara testacea* Beling ; — *Prionocyphon serricornis* Beling et Bourgeois (Dascill., 1884, t. 4, p. 25) ; — *Cyphon variabilis* Frauenfeld ; — *C. coarctatus* Beling (Verh. Zol. Ges. Wien, 1882, p. 435) ; — *Hydrocyphon deflexicollis* Tournier (Dascill. 1868, p. 14, pl. 1, fig. 3 — 3 *i*) ; — et *Eucinetus meridionalis* Perris (Ann. ent. Fr. 1851, p. 48. pl. 2, n° V).

(1) Olivier a donc eu raison de rapprocher les genres *Elater* et *Cebrio*.

Ces larves ont des mœurs assez variées. Ainsi, celle des *Dascillus* vit dans la terre, aux dépens de racines de végétaux. Celles des *Helodes, Cyphon, Hydrocyphon* et probablement des *Scirtes* habitent les eaux vives ou stagnantes, où elles peuvent se procurer une nourriture animale de leur goût. Celle des *Prionocyphon* opère ses métamorphoses sous les écorces des vieux arbres, et, enfin celles des *Eucinetus* semblent préférer les substances cryptogamiques.

La larve de ce dernier genre est hérissée de soies et de tubercules épineux et rappelle certaines larves de Coccinellides. Comme chez celles-ci, la nymphe rejette à l'extrémité du corps la dépouille de la larve. Quant aux larves d'*Helodes* et d'*Hydrocyphon*, elles rappellent la forme d'un Cloporte ou d'un Lépisme ainsi que d'une larve de Silpha, et, contrairement à ce qui s'observe ailleurs, leurs antennes sont sétacées et composées d'un grand nombre d'articles (34-46) (1).

FAMILLE DES LYCIDES

D'après la structure et les habitudes des larves, je crois qu'on peut avec raison séparer la famille des Lycides de celle des Lampyrides, et celle-ci des Téléphorides.

Quant aux Lycides, on ne connaissait que la larve du *Dictyoptera sanguinea* Chapuis et Candèze (Cat. Larv. p. 161, pl. V. fig. 8), quand Perris vint y ajouter celle de l'*Eros rubens* (Larv. Col. p. 188), qui vivrait au milieu de détritus produits par des larves de Longicornes et de *Rhyncolus*. Presque en même temps, Beling (Arch. nat. 1877, 52) fit paraître celle de l'*E. nigroruber* Bourgeois (Lyc. 15 et Malac. 57). La larve du *Dictyoptera sanguinea* est remarquable par son corps allongé, noir, à dernier segment d'un jaune orangé et armé de 2 dents noires, épaisses, mousses et recourbées en dedans. La nymphe fait assez bien deviner l'insecte parfait.

FAMILLES DES LAMPYRIDES

On prétend que les larves des Lampyrides font la guerre aux Mollusques terrestres. En tous cas, il est constant que celle du *Drilus flavescens*

---

(1) La durée de la nymphose est d'une quinzaine de jours, et la transformation a lieu fin mai ou au commencement de juin.

vit aux dépens des *Helix nemoralis, aspersa, hortensis*, etc. D'ailleurs, leurs palpes, au nombre de 6, indiquent assez des mœurs carnassières, que Perris a eu plusieurs fois l'occasion de constater. La ♀ de l'insecte parfait a été décrite par Mielzinski, sous le nom de *Cochleoctonus vorax* (Ann. Sc. nat. 1824, p. 67, pl. 7).

Outre la larve si répandue du *Lampyris noctiluca* De Geer (Mém. Ac. Sc. IV, 36, pl. 1, fig. 24-33), on connaît les premiers états de plusieurs autres insectes de cette famille, savoir :

Pelania mauritanica, Bourgeois (Malac., 70) ; — *Lampyris Reichei*, Bourgeois (p. 73) ; — *L. Bellieri*, Bourgeois (p. 75) ; — *L. Lareynii*, Bourgeois (p. 77) ; — *Lamprorhiza Dalourexci*, Reiche (Ann. ent. Fr., 1863, p. 479) ; — *L. Mulsanti*, Rey (Ann. Soc. Linn. Lyon, t. XXIX, 1882, p. 145) ; — *Phosphaenus hemipterus*, Muller (Illig. mag., IV, 1805, 175) ; — *Luciola italica*, De Geer (Mém., II, 55, pl. XVII, 11) ; — *L. Lusitanica*, Bourgeois (Malac. p. 87) ; — et *Drilus flavescens*, Mielzinski, Lacordaire.

Les larves des *Lamprorhiza* se distinguent de celles des vrais Lampyres par une teinte plus brillante, par une forme plus large et plus ovalaire et surtout par les segments explanés sur leurs côtés. Celles des *Luciola* sont un peu moins larges et moins relevées sur les bords, noires avec les 2 derniers segments abdominaux d'un rouge orangé, longitudinalement rembrunis sur le dos (1).

Je donne ici la descripiton de deux larves de Lampyrides nouvelles ou peu connues.

LARVE SUPPOSÉE DU *Lampyris Raymondi*, Mulsant.

Long. 30 mill. — *Corps* hexapode, allongé, subrétréci aux deux extrémités, déprimé, ruguleux, revêtu d'une très courte pubescence blanchâtre, micacée, grossière et assez serrée ; d'un brun mat avec les angles postérieurs des segments thoraciques roussâtres, une tache rousse nébuleuse aux angles postérieurs des 6 premiers segments abdominaux, et l'avant-dernier arceau ventral pâle.

(1) M. Peragallo, lauréat de l'Institut, qui a publié d'intéressantes observations sur les mœurs du *L. Lusitanica* (Ann. ent. Fr., 1862, 620 et 1863, 664), m'avait envoyé des *Lampyris noctiluca* et des larves de *Luciola* qu'il avait trouvées à Nice, du 9 à 11 h. du soir, dans des coquilles de *Bullimus decollatus* et de diverses espèces d'*Helix*. J'ai surpris moi-même, en mai, à 8 h. du soir, la larve du *Phosphaenus hemipterus* la tête enfoncée dans des *Helix lucida* et *cincta*.

Tête petite, subinclinée, voilée en arrière par le prothorax, bien moins large que celui-ci ; d'un noir peu brillant. *Front* rugueux, subimpressionné de chaque côté. *Épistome* sinué-impressionné dans le milieu de son bord antérieur. *Labre* petit. *Mandibules* roussâtres, assez robustes, très saillantes, dilatées-dentées en dedans à leur base et puis arquées en faux très acérée. *Mâchoires* épaisses, membraneuses. *Palpes maxillaires externes* très gros, de 4 articles : le 1ᵉʳ très épais, un peu renflé au sommet : les 2ᵉ et 3ᵉ très courts, rétractiles : le dernier plus étroit, un peu plus long, mousse ou subtronqué au bout ; les *externes* bien plus courts et plus grêles, de 2 articles : le 1ᵉʳ assez court et assez épais : le dernier un peu plus étroit, subatténué et mousse au bout, terminé par une longue soie. *Palpes labiaux* petits, de 2 articles, le 1ᵉʳ assez épais : le 2ᵉ plus étroit, subatténué, subsubulé.

Yeux peu distincts.

Antennes assez courtes, brunâtres, éparsement ciliées, de 3 articles : le 1ᵉʳ submembraneux, rétractile : le 2ᵉ suballongé, subcylindrique, paré d'une longue soie près de son sommet interne : le dernier roux, moins long, un peu plus étroit, subcylindrique, obliquement subtronqué au bout, où il offre un petit lobe presque imperceptible et en dehors une petite épine.

Prothorax grand, suboblong, rétréci en avant en ogive obtuse et subarrondie, tronqué à la base, arrondi aux angles postérieurs ; subdéprimé, faiblement relevé en faîte sur sa ligne médiane, longitudinalement subimpressionné sur les côtés qui sont un peu relevés et subrectilignes dans leur milieu ; ruguleux, légèrement pubescent ; d'un brun mat avec les angles postérieurs parés d'une tache rousse peu tranchée.

Mésothorax et *métathorax* courts, transverses, un peu plus longs, pris ensemble, que le prothorax, à peine arqués latéralement et arrondis aux angles ; subdéprimés ; faiblement relevés en faîte sur leur milieu et subimpressionnés sur les les côtés qui sont subexplanés ; ruguleux, légèrement pubescents ; d'un brun mat avec les angles postérieurs parés d'une tache rousse peu tranchée. Le *métathorax* à peine plus court.

Adomen allongé, subrétréci en arrière après son milieu, déprimé, ruguleux, d'un brun mat ; revêtu d'une courte pubescence blanchâtre, assez serrée, micacée et comme pruineuse ; de 9 segments. Les 8 premiers très courts, subégaux ou avec les premiers encore plus courts, subrétrécis à leur base et à peine bisinués à leur bord postérieur, plus sensiblement aux 7ᵉ et 8ᵉ ; creusés sur leur ligne médiane d'un sillon cana-

liculé, effacé sur les derniers ; obliquement biimpressionnés sur les côtés
du disque ; à angles postérieurs graduellement plus saillants et moins
émoussés et parés dans leur ouverture d'une transparence rousse nébuleuse, nulle ou presque nulle dans les 7º et 8º. Le 9º plus étroit, peu saillant, rétréci à la base, bisinué-tronqué au sommet.

Dessous du corps ruguleux, brièvement pubescent, en majeure partie
d'un brun mat avec les angles postérieurs des segments thoraciques roux
et l'avant-dernier arceau ventral pâle. *Ventre* subdéprimé, offrant sur son
milieu 2 séries de légers sillons longitudinaux et, de chaque côté, une
rangée de larges oreillettes subexcavées, pourvues chacune à leur base
d'un stigmate fovéiforme et séparées de la région médiane par une saillie
longitudinale lanciforme ; à 8º arceau pâle, muni à son extrémité de
4 tubercules brunâtres, terminés par une soie pâle et grossière, les
2 intermédiaires moindres. *Mamelon anal* peu saillant, en forme de moignon obtusément bilobé.

Pieds peu allongés, ruguleux, brunâtres. *Hanches* assez grandes,
coniques, couchées. *Trochanters* médiocres, en onglet, de couleur moins
foncée. *Cuisses* allongées, un peu en massue, obliquement tronquées au
sommet, plus pâles et ciliées en dessous. *Tibias* sensiblement plus courts,
hispido-ciliés inférieurement, atténués et terminés par un crochet solide,
non infléchi, acéré, à peine arqué, muni d'une épine de chaque côté, près
de sa base.

Obs. J'ai rencontré cette larve sous les pierres, en hiver, aux environs
d'Hyères. Elle est plus grande et proportionnellement plus large que
celle de *noctiluca* avec les segments thoraciques seuls visiblement tachés
de roux à leurs angles postérieurs, ceux des 6 premiers abdominaux
présentant simplement une transparence nébuleuse, rousse, à peine distincte et située dans leur ouverture mais sans toucher au sommet lui-
même (1). La couleur est moins noire et la pubescence générale plus
serrée.

L'absence de taches rousses au bord antérieur du prothorax ne permet
de la rapporter ni au *L. Reichei*, ni au *L. Lareynii;* je n'ai qu'à supposer,
sous toute réserve, qu'elle représente l'état vermiforme du *L. Raymondi*
Muls. *(Lusitanica* Motsch.) (2).

---

(1) Chez *noctiluca* ces taches, bien tranchées, non seulement touchent au sommet, mais
encore s'étendent un peu sur la base.
(2) Comme il y a déjà un *Luciola Lusitanica* dans la même famille, il est bon d'en élimi-
ner un.

LARVE DU **Lampyris Bellieri**, Reiche.

Long. 25-30 mill. — *Corps* hexapode, allongé, subrétréci aux deux extrémités, déprimé, ruguleux, parsemé d'une très courte pubescence blonde et micacée; d'un noir mat avec le dessous paré de chaque côté d'une ceinture de taches roses et l'avant-dernier arceau ventral pâle.

Tête petite, subinclinée, transverse, plus ou moins voilée par le prothorax, bien moins large que celui-ci, d'un noir assez brillant. *Front* subimpressionné de chaque côté, marqué de rides transversales sinueuses et interrompues. *Épistome* sinué dans le milieu de son bord antérieur. *Labre* très petit, roux, réduit à une pointe redressée. *Mandibules* ferrugineuses, robustes, saillantes, fortement dilatées-dentées intérieurement à leur base, coudées dans leur milieu et puis arquées en faux très acérée. *Mâchoires* courtes, épaisses, submembraneuses. *Palpes maxillaires* externes forts, de 4 articles : le 1er très épais : les 2º et 3º excessivement courts, annulaires, rétractiles : le dernier bien plus étroit, moins court, subtransverse, subtronqué ; les *internes* assez saillants, de 2 articles : le 1er assez épais, obconique : le 2º un peu plus étroit, subatténué, mousse au bout et terminé par une longue soie. *Palpes labiaux* très courts, rétractiles, de 2 articles : le 1er en forme de socle : le 2º bien plus étroit, subsubulé.

Yeux peu distincts.

Antennes courtes, brunes, éparsement sétosellées, insérées dans une cavité profonde ; de 3 articles : le 1er submembraneux, court, rétractile : le 2º à peine moins épais, oblong, un peu en massue subcylindrique et tronquée, paré de quelques soies près du sommet : le dernier plus court et plus étroit, un peu roussâtre, tronqué et éparsement sétosellé au bout, où il présente un petit lobe submembraneux, déjeté en dehors (1).

Prothorax grand, oblong, graduellement rétréci en avant, largement et obtusément arrondi au sommet et aux angles postérieurs, obliquement rectiligne sur les côtés et tronqué à la base ; subdéprimé, faiblement subimpressionné latéralement ; à peine relevé en faîte sur sa ligne médiane qui est marquée d'un très fin canal longitudinal, entaillant un peu le bord antérieur et obsolètement continué sur les segments suivants ;

1) Ce lobe, bien que peu distinct, pourrait être considéré comme un 4e article.

rugueusement granuleux; d'un noir mat, parsemé d'une très courte pubescence d'un blond micacé.

Mésothorax et *métathorax* transverses, plus longs, pris ensemble que le prothorax; subrectilignes sur leurs côtés et arrondis à leurs angles; subdéprimés, subimpressionnés sur les côtés du disque ; ruguleux, d'un noir mat ; parsemés d'une très courte pubescence d'un blond micacé : le *métathorax* un peu plus court.

Abdomen allongé, subrétréci en arrière, plus ou moins déprimé, d'un noir mat, ruguleux, parsemé d'une très courte pubescence d'un blond micacé ; de 9 segments. Les 8 premiers très courts, subégaux, assez brusquement rétrécis à leur base, faiblement bisinués à leur bord postérieur, plus visiblement chez les derniers; subimpressionnés sur les côtés; à angles postérieurs subarrondis dans les premiers, mais plus droits et plus marqués dans les derniers; creusés sur leur ligne médiane d'un sillon souvent en partie effacé. Le 9e plus étroit et plus court, subélargi en arrière, largement et bisinueusement tronqué au sommet.

Dessous du corps ruguleux, en majeure partie noir, parsemé d'une très courte pubescence d'un blond micacé. *Dessous du thorax* taché de rose sur les côtés et aux intersections. *Ventre* déprimé, offrant de chaque côté une rangée de mamelons subexcavés, légèrement débordés en dehors par les oreillettes supérieures, creusés à leur base d'un stigmate fovéiforme et munis avant leur extrémité d'une soie hispide ; marqué sur sa région médiane de 2 séries de sillons subparallèles; paré, entre cette même région et les mamelons, d'une ceinture longitudinale rose, plus ou moins étroite et plus ou moins interrompue, avec le sillon latéral qui sépare les mamelons de la page supérieure, également de couleur rose, cette couleur devenant plus pâle ou blonde aux intersections; à 8e arceau pâle avec 2 grandes taches apicales rembrunies et 4 tubercules ou pores sétifères saillants dont les deux intérieurs moindres, à mamelons latéraux creusés chacun de 2 fossettes, dont l'antérieure plus grande, ombiliquée et représentant un stigmate. *Mamelon anal* peu saillant, en lame transversale, très courte et infléchie.

Pieds peu allongés, ruguleux, noirs. *Hanches* allongées, couchées, subcylindriques. *Trochanters* assez grands, en onglet, très pâles, à sommet rembruni. *Cuisses* assez allongées, subcomprimées, un peu en massue, éparsement épineuses en dessous. *Tibias* bien plus courts, subcomprimés, atténués et terminés par un crochet solide, acéré, à peine arqué, subinfléchi et muni d'une petite épine de chaque côté vers sa base,

Obs. J'ai rencontré cette larve en février, sous les pierres et les détritus, aux environs de Collioure. Elle ressemble à celle de *noctiluca*, mais elle est plus grande, d'une couleur plus noire et sans taches en dessus. Le prothorax est plus long, plus rétréci en avant, plus rectiligne sur les côtés, etc. (1). Elle varie beaucoup pour la taille, qui atteint jusqu'à 30 mill.

FAMILLE DES TÉLÉPHORIDES

Je connais peu les larves de Téléphorides, dont il n'existe, à ma connaissance, que 4 descriptions, sans parler des généralités rapportées par De Geers, Latreille et Audouin et Brullé (Hist. Ins. III, p. 174). Elles sont carnassières. Leur corps est mat et velouté en dessus, moins la moitié antérieure de la tête qui est nue et brillante, avec 1 seul ocelle de chaque côté. *Telephorus fuscus* Westwood, *rufus* Waterhouse, *lividus* Blanchard, et *Malthinus biguttatus* Hammersch, tels sont les Téléphorides dont on connaît les larves.

Les larves des *Ragonycha* me semblent différer de celles du genre *Telephorus* par la tête généralement plus étroite relativement au prothorax et par les 2° et 3° segments thoraciques ordinairement parés sur le dos de quelques signes particuliers. J'en donne ici une espèce que je crois inédite :

LARVE SUPPOSÉE DU **Ragonycha pallida**, Fabricius.

Long. 6-7 mill. — *Corps* hexapode, allongé, à peine arqué sur les côtés, sensiblement rétréci en avant, peu convexe, finement pubescent, d'un gris roussâtre mat et velouté, avec la partie antérieure de la tête glabre et brillante.

Tête en carré suboblong, plus étroite que le prothorax, déprimée, d'un gris roussâtre mat et velouté, avec la partie antérieure subrugueuse, glabre et brillante suivant un large espace triangulaire. *Épistome* trans-

(1) J'ai cru devoir donner la description détaillée de cette larve : 1° parce que M. Bourgeois ne l'a indiquée que sommairement ; 2° parce que, d'après un certain concours de caractères constants, elle me semble représenter l'état vermiforme d'une espèce distincte qui est le *L. Bellieri*, regardée comme variété de *noctiluca*.

verse. *Mandibules* ferrugineuses, fortement arquées, acérées. *Palpes* à dernier article aciculé.

Yeux très petits, noirs.

Antennes courtes, assez grêles, pubescentes, testacées, de 3 articles apparents : le 1er court, le 2º allongé, le 3º petit, grêle, aciculé, accompagné à la base d'un autre petit article supplémentaire.

Prothorax transverse, arqué sur les côtés, dilaté en mamelon à ses angles postérieurs, déprimé, pubescent, d'un gris roussâtre un peu moins foncé que la tête ; offrant sur le milieu du dos 2 lignes surélevées, rapprochées, subparallèles et un peu plus obscures.

Mésothorax et *métathorax* un peu plus courts séparément que le prothorax, un peu plus larges que celui-ci, sculptés et colorés à peu près comme lui, mais un peu plus rétrécis en arrière, avec les mamelons latéraux plus oblongs et les 2 traits obscurs moins apparents, formant comme 2 parenthèses rapprochées et se tournant le dos.

Abdomen allongé, aussi large à sa base que le métathorax, à peine arqué sur les côtés, rétréci en arrière, passablement étranglé à chaque intersection et offrant à chacune d'elles, sur le milieu du dos, un semi-disque transversal, circonscrit en arrière par un sillon arqué, lequel disque on observe également mais plus confusément à la base des métathorax et mésothorax ; de 9 segments. Les 8 premiers subdéprimés, subégaux, à surface un peu inégale et obtusément mamelonnée sur les côtés ; pubescents, d'un gris roussâtre et velouté mat, avec quelques teintes à peine plus foncées sur les parties saillantes. Le 9º bien plus étroit, formant un mamelon semi-circulaire et obtus, infléchi pendant la marche et servant ainsi à la progression.

Dessous du corps plus pâle, inégal, plus ou moins pubescent et velouté.

Pieds courts, pâles, pubescents et légèrement ciliés. *Hanches* coniques et obliquement couchées. *Trochanters* médiocres, en onglet. *Cuisses* assez larges, comprimées. *Tibias* presque aussi longs, plus étroits, atténués, terminés par un onglet grêle et subarqué.

Obs. J'ai trouvé cette larve avec l'insecte parfait, en battant des branches mortes de Châtaignier. Je la donne toutefois sous toute réserve.

Je possède une larve de même taille, un peu plus obscure surtout sur la tête et le prothorax, à tête plus oblongue, avec les traits rembrunis du mésothorax et du métathorax bien plus accusés et plus écartés. Je suppose qu'elle doit appartenir à *Ragonycha testacea*, Lin.

FAMILLE DES VÉSICULIFÈRES OU MALACHIDES

Les larves de cette famille ont été assez étudiées et, sans Perris, on ignorerait presque complètement leurs habitudes carnassières ou au moins vidangeuses. Les espèces connues sont : *Malachius bipustulatus* décrite par Heeger ; — *M. aenus, marginellus, Anthocomus lateralis, Hypebaeus albifrons* et *Axinotarsus pulicarius* dont Perris a fait l'histoire ; — et *Hapalochrus flavolimbatus* publiée récemment par l'abbé Victor Mulsant (Ann. Soc. Linn. Lyon, 1884, t. XXX, p. 437). Toutes ces larves, peu variées, sont toutes remarquables par les plaques lisses, brunes de leurs segments thoraciques. J'en possède un certain nombre, sans pouvoir dire à quelle espèce ou même à quel genre elles doivent appartenir ; et elles ont entre elles tant d'affinité qu'il serait difficile de les partager en groupes distincts.

FAMILLE DES FLORICOLES OU DASYTIDES

Les larves de cette famille ont à peu près la même manière de vivre que celles des Vésiculifères, avec lesquelles elles ont beaucoup de rapports de faciès et de conformation. Elles n'en diffèrent réellement que par leurs ocelles au nombre de 5 au lieu de 4 et les crochets du sommet de l'abdomen plus rapprochés à leur base. La pubescence est généralement plus longue et plus fournie, etc. Il n'en existe que peu de descriptions, dont la plupart sont dues à Perris, telles que *Dasytes serricornis* Westwood, *caeruleus* Laboublène, *flavipes, plumbeus* et *Psilothrix nobilis* Perris. J'en ai plusieurs autres que je ne sais à qui attribuer.

TRIBU DES TÉRÉDILES

Cette tribu, telle que Dejean l'avait adoptée, donne lieu à plusieurs familles que je vais examiner l'une après l'autre.

FAMILLE DES ANGUSTICOLLES OU CLÉRIDES

Les larves de cette famille sont assez connues. On sait que les grandes espèces vivent aux dépens de la postérité des Abeilles, Mégachiles, Osmies, Anthophores et autres Mellifères. Quant aux petites, elles nous rendent un véritable service en décimant un grand nombre d'insectes xylophages très nuisibles, tels que Buprestides, Apatides, Anobides, Bostrychides, Curculionides et Longicornes. Quelques autres *(Necrobia, Corynetes)* sont appelées à rendre à la terre les squelettes des animaux, tout à fait dépouillés de matières organiques, en consommant le périoste et les tissus aponévrotiques qui recouvrent encore les os, et à continuer ainsi l'œuvre de destruction commencée par les Silphales qui mangent et dispersent les chairs, par les Dermestides qui s'attaquent aux peaux, et par les Byrrhes et Trox qui détruisent et font disparaître jusqu'aux derniers débris de ces êtres inanimés, c'est-à-dire les poils disséminés par les vents.

Elles ont une certaine analogie avec celles des Vésiculifères et Floricoles. Les ocelles sont uniques ou au nombre de 2 ou 3 très rapprochés ou comme réunis. Quelques-unes se distinguent par une teinte rouge ou rose. Celle de l'*Opilo mollis* est d'un gris testacé livide et mat; elle fait la guerre au *Xylopertha sinuata* qui ronge les sarments de vigne, ainsi qu'à plusieurs *Ernobius* nuisibles au Pin maritime (1).

Un certain nombre d'espèces de larves de Clérides ont été décrites par Réaumur, Heeger, Curtis, Westwood, Chapuis et Candèze. La connaissance d'un plus grand nombre est due aux observations savantes de Perris. Quant à moi, je n'en possède qu'une demi-douzaine d'espèces dont quelques-unes douteuses.

FAMILLE DES APATIDES

Une dizaine d'espèces, dont la plupart signalées par Perris, forment le cortège des larves connues de la famille des Apatides. Celle de l'*Apate*

---

(1) Celle de l'*Opilo domesticus*, presque en tout semblable, fait la chasse à l'*Anobium domesticum*. C'est sans doute celle-ci que Perris dit avoir prise dans la maison, courant sur le plancher.

bimaculata n'a pas été décrite, mais Perris qui l'avait connue, n'a pas cru devoir en parler, tant elle ressemble aux autres du même genre. Elle est bien moindre que celle de *capucina*, moins épaisse et d'une couleur plus pâle. Elle vit dans les tiges de Tamarix qu'elle détruit et pulvérise, en procédant de haut en bas. Les espèces publiées sont : *Apate capucina* Ratzburg ; *Francisca* Lucas ; *varia* Perris ; *Sinoxylon muricatum* Kollar ; *sexdentatum* Perris (1) ; *Enneadesmus trispinosus* Mulsant ; *Xylopertha sinuata* Perris ; *Dinoderus substriatus* Fuss, et *Psoa viennensis* Henschel. Quant aux *Xylopertha pustulata* et *praeusta*, elles étaient connues de Perris, qui se dispensa de les décrire, et il en est de même de celle de l'*Apate xyloperthoides* qui vit sur le Bambou et le Roseau.

FAMILLE DES CISIDES

Les larves de cette famille sont bien connues, elles vivent presque toutes dans les champignons et bolets qui poussent sur les arbres, et sur les branches mortes imprégnées de productions fongueuses ou autres substances cryptogamiques. Neuf espèces étaient connues, quand Perris vint en ajouter cinq autres, dont le *Cis coluber* (Larv. Col., p. 223, fig. 251-253).

FAMILLE DES ANOBIDES

Un certain nombre de larves d'Anobides ont été décrites, dont au moins la moitié par Perris, soit dans son Histoire des Insectes du Pin maritime, soit dans ses Larves de Coléoptères. Dans ce dernier travail, il en a fait une étude spéciale et en a présenté un tableau analytique d'une page et demie. C'est là (p. 249) qu'après avoir constaté que les 4 groupes qu'il avait établis dans ses larves d'Anobium répondaient exactement aux 4 sous-genres créés par Mulsant et Rey *(Dendrobium, Anobium, Neobium* et *Artobium)*, il fut amené à proclamer de nouveau cette vérité : « Encore une preuve, et l'on en verra d'autres, du secours et du contrôle que l'étude des larves peut apporter dans l'étude et la classification des insectes parfaits ».

(1) La larve du *Sinoxylon 6-dentatum* n'est pas seulement nuisible à vigne, mais à toute espèce de végétaux : Poirier, Coignassier, Acacia, Figuier, Mûrier, Châtaignier, Chêne-Vert Orme, Rosier, Lierre, Clématite, Roseau et Luzerne, etc.

Les larves d'Anobides sont arquées, voûtées, et elles offrent une certaine ressemblance avec celle des Aphodies. La plupart sont lignivores et nuisibles à nos forêts; celles des Ernobius paraissent inféodées aux essences résineuses; celles des Artobium s'attaquent aux pâtes, aux vieux cartons et à tout autre corps imprégné de farine; celle des *Pseudochina* préfèrent les plantes herbacées vivaces, telles que Cynarocéphales et Euphorbes; et, enfin, celles des *Dorcatoma* sont mycétophages.

Il serait trop long de faire l'énumération de toutes les espèces connues. Je me bornerai à donner la description détaillée d'une espèce que Perris n'a fait que signaler en quelques mots

LARVE DU **Dorcatoma pilosella**, Muls. et Rey.

Long. 2 mill. — *Larve* hexapode. *Corps* assez court, voûté, fortement contourné en arc; mou, blanchâtre avec la région dorsale médiane un peu jaunâtre; hérissé de poils fins, assez longs, pâles et disposés par fascicules.

Tête médiocre, inclinée, subarrondie, convexe au vertex, subdéprimée au front, un peu moins large que le prothorax, assez densément pilosellée, presque lisse sur son disque, obsolètement ridée en travers sur les côtés, blanchâtre et assez brillante. *Épistome* subcorné, subtestacé, plus foncé, tronqué et rebordé en avant. Labre petit, subcorné, en hémicycle, ferrugineux. *Mandibules* courtes, larges, solides, cornées, subtriangulaires, rousses à leur base, rembrunies à leur extrémité. *Palpes maxillaires* épais, charnus, testacés, paraissant formés de 3 articles graduellement moins épais. *Palpes labiaux* peu distincts.

Ocelles nuls ou non apparents.

Antennes cachées, représentées seulement par un petit tubercule brunâtre.

Prothorax, mésothorax et *métathorax* courts, charnus, convexes, blanchâtres, mats, pilosellés-fasciculés; subégaux avec le premier toutefois un peu moins court; fortement plissés ou sillonnés en travers et cicatrisés-mamelonnés sur les côtés.

Abdomen subcylindrique ou à peine plus étroit en arrière, voûté et fortement contourné en arc; de 9 segments mous, pilosellés-fasciculés, blanchâtres, mats, avec les 3 ou 4 premiers largement et légèrement jaunâtres et un peu marbrés sur le dos; cette même couleur s'étendant plus ou moins sur la ligne médiane. Les 8 premiers courts, subégaux, plus ou moins plissés en travers et mamelonnés-cicatrisés sur les côtés. Le 9° plus grand, subconvexe, déclive et subimpressionné à son extrémité et subrelevé à son bord apical.

Dessous du corps subdéprimé, pâle. *Ventre* plus ou moins plissé en travers, longitudinalement sillonné de chaque côté, un peu jaunâtre à sa base; à dernier arceau plus grand, longuement pilosellé. *Anus* caché.

Pieds très courts, assez épais, charnus, pâles et translucides, ciliés en dessous, graduellement rétrécis et terminés par un petit crochet très grêle, aciculé et presque droit.

Obs. Cette larve se prend, avec l'insecte parfait, dans les Champignons amadouviers, dont elle se nourrit. Elle ressemble à celle des *Dorcatoma Dresdensis, Dommeri, serra, Coenocara bovistae* et *Anitys rubens* et de la plupart des autres Anobides. Elle est facile à élever dans un bocal.

Elle se trouve en juin et se métamorphose en nymphe dans la dernière quinzaine de ce mois, pour faire son apparition à l'état parfait vers le commencement d'août et même avant.

NYMPHE

La nymphe est tout à fait blanche et molle. La tête est infléchie et le prothorax déclive. Les élytres, repliées inférieurement, sont luisantes et sillonnées en long. Les pieds antérieurs et intermédiaires, ramenés en dessous, ont leurs cuisses, genoux et tibias libres, au lieu que les postérieurs sont complètement recouverts par les élytres. L'anus est pourvu de 2 moignons charnus, obliquement tronqués extérieurement à leur extrémité et pourvus chacun d'un appendice épais en forme de toupie, déjeté en dehors et terminé par une petite pointe recourbée en dedans.

FAMILLE DES GIBBICOLLES OU PTINIDES

Deux larves seulement de cette famille avaient été signalées, *Hedobia imperialis* Bouché (Naturg., p. 187) et *Ptinus fur* Goedart (Métam., II, p. 172), quand Perris vint y ajouter celles des *Ptinus dubius* (Soc. ent. Fr., 1862, p. 205), *ornatus* et *germanus* (Larv. Col., p. 250). Elles ressemblent beaucoup à celles des Anobides. Elles vivent, les unes dans le vieux bois, les autres dans les habitations où elles exercent souvent des ravages sérieux dans les collecti ns d'Insectes et les herbiers, ainsi que dans les bibliothèques.

TRIBU DES LATIGÈNES OU TÉNÉBRIONIDES

Bien que les insectes parfaits de cette tribu présentent une grande diversité de formes, il n'en est pas de même des larves qui affectent toutes un certain air de parenté, un corps allongé et subcylindrique, rappelant un peu celui des Élatérides, à part le front et le dernier segment abdominal qui ne sont pas impressionnés ou excavés. Elles vivent généralement de résidus desséchés des matières animales ou végétales, et, bien qu'on les trouve souvent dans le tan ou la carie des vieux arbres, elles ne sont pas xylophages, et elles ne viennent là que pour s'emparer des galeries des espèces lignivores où elles trouvent des substances animalisées de leur goût. Quelques autres *(Diaperis, Bolitophagus, Tetratoma,* etc.) toutefois paraissent être exclusivement fongivores.

On en connaît un grand nombre que je me dispense d'énumérer, et dont Perris, comme toujours, peut revendiquer une certaine part. Je donne ici la description de quelques autres, inédites ou peu connues.

LARVE DE L'**Asida Dejeani,** Solier (1).

Long. 23 mill. — Cette larve, comme toutes celles du même genre, ressemble beaucoup à celle de l'*Asida Corsica* décrite par Perris (Larv. Col., p. 256). Aussi, n'en donnerai-je qu'une courte phrase comparative. Elle est moindre, d'une couleur plus pâle, avec la tête et le prothorax, au contraire, plus foncés. Ce dernier est très finement canaliculé sur sa ligne médiane et très finement ridé en travers dans sa partie antérieure et même postérieure. Comme chez *Corsica,* derrière les antennes se trouve une crête longitudinale surmontée de 9 ou 10 petits granules.

Obs. J'ai capturé cette larve à Saint-Raphaël, sous les pierres, avec l'insecte parfait.

---

(1) La larve que Mulsant a décrite sous le nom d'*Asida* (Latig. 1854, p. 87), ainsi que l'a constaté Perris, doit se rapporter au genre *Agriotes,* de la famille des Élatérides.

LARVE DE L'**Asida sericea**, Olivier.

Je ne dirai aussi que quelques mots sur cette larve presque en tout semblable à la précédente. Elle est un peu moins longue, d'une couleur un peu moins pâle. Les rides et le canal médian du prothorax sont moins fins. Les dents qui terminent le dernier segment abdominal sont plus courtes et moins acérées. Surtout, la crête de derrière les antennes, plus prolongée en arrière, est surmontée de granules plus petits et plus nombreux, formant en avant un groupe serré.

Obs. J'ai trouvé cette larve sous les pierres, au cap Gros, sur la commune de Port-Vendres (Pyr.-Or.).

Je ne donne la description de ces 2 larves que sous toute réserve, n'ayant pu suivre leur évolution. Mais, comme on ne trouve sur le littoral de la Provence que l'*Asida Dejeani* et sur celui du Roussillon que l'*A. Sericea*, il y a toute probabilité pour une certitude relative. Je ne parle pas de l'*A. insidiosa*, espèce affine de *grisea* et qui semble reléguée dans les montagnes de Draguignan, de Bargemont et de l'Esterel.

LARVE DE L'**Heliopates abbreviatus**, Olivier.

Long. 18 mill. — Cette larve est presque en tout semblable à celles des *Olocrates gibbus* et *Heliopates Ibericus* Perris (Larv. Col. p. 261-263). Elle est plus grande, à segments abdominaux plus égaux et très finement ou obsolètement ridés en travers, le dernier armé de 10 épines au lieu de 8.

Obs. Elle se trouve dans le Languedoc et le Roussillon. Je l'ai prise sous les pierres, autour des forts, aux environs de Collioure.

LARVE DE L'**Helops Ecoffeti**, Mulsant.

La larve de l'*Helops Ecoffeti* diffère à peine de celle du *lanipes*. Elle est moins étroite, plus épaisse, moins finement ridée en travers, à segments abdominaux plus courts et un peu plus étranglés à leurs intersections, à points enfoncés des 7° et 8° plus grossiers et moins nombreux. Les crochets du 9° paraissent un peu plus longs, un peu plus robustes et un peu plus redressés, etc.

Obs. — Elle se trouve dans le tan des vieux arbres.

LARVE DE L'**Helops agonus**, Mulsant.

Long. 13 mill. — La larve de l'*Helops agonus (pygmæus* Küst.) ressemble à toutes les autres du même genre. C'est la même forme subcylindrique, la même ponctuation des 7° et 8° segments abdominaux que chez *lanipes* et *Ecoffeti;* mais le 8° est, en outre, armé, vers le milieu de sa longueur, de 4 dents aiguës, disposées sur une ligne transversale arquée, les 2 intermédiaires plus saillantes.

Obs. J'ai pris cette larve dans des tiges de Tamarix. Elle est sans doute vidangeuse des galeries de l'*Apate bimaculata*.

TRIBU DES PECTINIPÈDES OU CISTELIDES

Les larves des Pectinipèdes, comme celles de Ténébrionides auxquelles elles ressemblent beaucoup, se nourrissent de substances organiques décomposées ou de déjections animales, et même, à défaut, elles deviennent carnassières. Si on les rencontre souvent dans le vieux bois et la vermoulure, c'est qu'elles y viennent chercher leur subsistance et y opérer leur évolution, ainsi que les larves d'Élatérides. Celle de l'*Eryx ater*, bien connue, se compose, avec la poussière de bois, une pilule de la grosseur d'une noix au moyen d'une bave qu'elle a la propriété de sécréter, s'y construit une cellule qu'elle tapisse d'une matière glutineuse, et s'y renferme pour se changer en nymphe. Cette pilule diminue en se desséchant, au point qu'elle n'offre guère que le volume d'un petit gland à la fin de la nymphose. Celle-ci a une durée de 2 ou 3 semaines.

Les larves des Cistélides ont ordinairement le dernier segment abdominal simple, mousse et inerme. Les descriptions connues sont dues à Bouché, Waterhouse, Mulsant, Kyber, Kuster, Westwood et Perris (p. 294). La larve de l'*Eryx Fairmairei* Reiche, ne diffère de l'*ater* que par sa tête plus obscure.

7

TRIBU DES BARBIPALPES OU SERROPALPIDES

Ici les habitudes changent un peu. Bien que plusieurs aient les mœurs des familles précédentes, un certain nombre sont fongicoles ou bolitophages. Aussi celles-ci présentent-elles une physionomie bien distincte, par exemple une forme plus ramassée, bien moins allongée, une consistance plus molle, une texture plus inégale et plus velue. Il est curieux de voir la larve de l'*Orchesia micans*, fortement plissée et hérissée de quelques rares et longs poils mous et redressés, contracter sur le prothorax, à l'état de nymphe, des épines verticales, qui, chez l'insecte parfait, doivent faire place à une pubescence très fine, courte, soyeuse et couchée.

On en connaît un certain nombre que Perris, comme toujours, a eu soin d'accroître au moins du double (p. 305-324). La connaissance des autres est due à Erichson, Heeger, Chapuis et Candèze, Westwood, Assmuss, Letzner, Guérin-Méneville, Mulsant et Revelière, etc.

TRIBU DES LATIPENNES

Cette tribu est peu nombreuse. Aussi n'en connaît-on que 6 larves décrites par Westwood, Chapuis et Candèze, Mulsant et autres. Elle comprend les Pyrochroïdes dont les larves sont très aplaties et glabres, et les Lagriides dont les larves se reconnaissent à leur corps cylindrique et hérissé de longs poils à la manière de certaines chenilles et des larves de Dermestides. Ces deux catégories tranchées pourraient bien donner lieu à deux familles distinctes, ainsi qu'on l'a fait dans les récent catalogues.

TRIBU DES COLLIGÈRES OU ANTHICIDES

On ne connaissait pas de larves d'Anthicides, lorsque j'eus la chance d'en découvrir 2 espèces dont je publiai les descriptions dans les *Annales de la Société Linnéenne de Lyon*, savoir : celle de l'*Anthicus quisquilius*

(t. XXX, 1884, p. 425, pl. 1, fig. 1-6), et celle de l'*A. floralis* (t. XXIX, 1883, p. 141) (1). L'analogie frappante qui existe entre ces deux dernières et la larve de l'*Agnatus decoratus* me force, d'après l'autorité de Laferté de Sénectère, de replacer à la suite des Colligères ce dernier insecte, qu'on en avait éloigné pour le ballotter des Lagriides aux Pythides ou aux Pyrochroïdes.

Toutes les larves de cette tribu sont parasites ou vidangeuses. Elles ressemblent à celles des Cryptophagides, mais avec une forme un peu moins linéaire et les segments abdominaux plus étranglés à leurs intersections, etc. Du reste, elles ont à peu près les mêmes mœurs et habitudes.

En comptant la larve de l'*Agnathus decoratus* Mulsant et Rey (Op. ent. 1856, t. VII, p. 114, fig. 1-4) et en y ajoutant celle de *Scraptia minuta* Perris (Larv. Col. 341, fig. 371-379), il y a donc, en ce jour, 4 espèces de larves d'Anthicides connues dans cette tribu.

TRIBU DES LONGIPÈDES

On n'avait signalé que 6 larves de cette tribu, qui sont, les unes (Mordellides) lignivores, vidangeuses ou carnassières, les autres (Rhipiphorides), parasites des Blattes et des Guêpes, lorsque Perris est venu en ajouter plus d'une douzaine, soit dans son travail sur les Insectes du Pin maritime, soit dans ses Larves de Coléoptères. Elles sont molles avec les segments étranglés aux intersections, et le dernier terminé par 2 dents rapprochées, souvent divergentes, rarement convergentes au sommet. Les nymphes du genre *Mordella* et *Mordellistena*, avec leur prolongement caudal, font parfaitement pressentir l'insecte parfait.

TRIBU DES VÉSICANTS

Les métamorphoses des insectes de cette tribu ont été peu étudiées, si ce n'est par De Geer, Siebold, Chapuis et Candèze, Ratzeburg, Géné,

---

(1) Par erreur, dans les Annales, on a fait passer après la description de l'*A. quisquilius*, qui avait été présentée avant.

Westwood, Mulsant, Valery Mayet et H. Fabre. Elles sont parasites, avec des mœurs tout à fait à part. Je n'en connais aucune espèce.

TRIBU DES ANGUSTIPENNES OU ÉDÉMÉRIDES

Dans cette tribu, les larves affectent une forme plus ou moins atténuée en arrière, étranglée aux intersections, avec les pieds assez développés et le dernier segment abdominal inerme. Elles vivent des parties molles des végétaux, telles que la moelle des plantes herbacées ou bien les bois cariés ou pourris. On en connaît un certain nombre, dont Perris a décrit la plus grande partie. D'après les larves, les Rostrifères ou Salpingides doivent former une famille à part.

TRIBU DES RHYNCOPHORES OU CURCULIONITES

Cette grande tribu, si variée et en même temps si pernicieuse, comptait un grand nombre de larves décrites, quand Perris, dans ses deux travaux remarquables, vint en ajouter autant ou même davantage. Le bois, les écorces, les tiges, les feuilles, les racines, les fruits, les noyaux, les grains, les boutons, les bourgeons, les fleurs, etc., rien n'est épargné par la dent de ces insectes destructeurs. Qui ne connaît les Bruches qui se logent dans nos pois ; les Rhynchites si nuisibles aux Poirier, Prunier, Merisier et Vigne ; les Apions si pernicieux aux Mauves, Artichaux et Oseille ; les Péritèles et Otiorhynques qui détruisent toute espèce de bourgeons ; les Lixes qui s'attaquent aux Bettes ; les Dorytomes et Cossons qui détruisent les peupliers ; les Anthonomes qui infectent les pommiers ; les Balanines qui percent nos glands, nos châtaignes, nos noix et noisettes ; les Hylobies et les Pissodes qui font dépérir les Conifères ; les Calandres qui dévorent et évident nos grains, tels que le froment et le riz, etc.

Les larves des Rhyncophores sont ordinairement trapues et arquées ; elles simulent un peu celles des Anobides et des Apatides.

Cette tribu se subdivise en plusieurs familles, dont je vais donner une mention sommaire des états vermiformes.

FAMILLE DES BRUCHIDES

C'est avec raison qu'on a retranché cette famille des Curculionites auxquels on l'avait longtemps réunie. Tout le monde connaît la Bruche du pois, si nuisible à la graine du *Pisum sativum*. Les autres larves de ce genre, qui vivent aux dépens d'autres Légumineuses, sont moins connues. Les unes s'attaquent aux Lentilles ou aux Fèves, d'autres aux Haricots, et parmi celles-ci, la larve du *Bruchus irressectus*, originaire d'Algérie, et qui, depuis quelques années, a été importée à Hyères, où elle occasionne déjà des dégâts sensibles. Elle est pâle, voûtée, rugueuse, plissée en travers, avec les parties de la bouche plus obscures. Toutes les larves des Bruchides ont tant d'analogie entre elles, qu'il est inutile d'en donner la description. Sauf la taille, elles ressemblent toutes à celle du *B. pisi.*

FAMILLE DES ANTHRIBIDES

Encore une famille démembrée à juste titre de la grande tribu des Rhyncophores. En effet, si leurs larves ont entre elles quelque analogie de forme, celles des Anthribides se distinguent sous plusieurs rapports, sans compter la structure particulière des pseudopodes. Cinq étaient connues, quand Perris vint en ajouter six autres, avec des dessins de détails (Larv. Col., p. 355-367, fig. 389-406).

FAMILLE DES CURCULIONIDES

Je réunis sous ce nom la majeure partie des Rhyncophores, que plusieurs auteurs ont cru devoir démembrer encore en retranchant les Apionides, Rhynchitides, Attelabides, Nemonygides et Brentides. Mais Perris, qui a fait une étude spéciale des larves de cette famille (Larv. Col., p. 367-411) n'y a établi aucune subdivision. Il a énuméré (p. 373) toutes les espèces connues avant lui; constaté les habitudes de celles du genre *Brachycerus*, qui vivraient aux dépens des racines bulbeuses des Liliacées et des Aroïdées (p. 383) (1), et donné un tableau détaillé des habitudes de

---

(1) Les œufs de *Brachycerus*, relativement assez gros, ressemblent pour la forme et la couleur à un œuf de poule en miniature.

la plupart des espèces du genre *Apion* (p. 393), sans compter un grand nombre d'observations sur cette famille nombreuse.

TRIBU DES XYLOPHAGES OU SCOLYTIDES

Les larves, essentiellement lignivores, des Xylophages ou Scolytides si nuisibles aux forêts, sont également très connues, grâce, en majeure partie, à Nordlinger, Ratzeburg, Goureau et Perris. Elles ressemblent beaucoup à celles des Curculionides. Je me permets d'en décrire une avec détail.

LARVE DU **Phloeosinus impressus**, Olivier (1).

Long. 2 mill. — *Corps* court, trapu, voûté, fortement contourné en arc, assez mou, d'un blanc jaunâtre, à part les parties de la bouche; presque glabre.

Tête petite, inclinée, subconvexe, bien moins large que le prothorax, subcornée, à peine sétosellée, presque lisse, d'un blanc jaunâtre dans son pourtour; offrant en avant un large espace obcordiforme, de consistance plus cornée, obsolètement et très finement ridé en travers et de couleur plus foncée; marquée sur le vertex d'un petit sillon longitudinal raccourci. *Épistome* subéchancré en avant. *Labre* petit, subconvexe, pâle. *Mandibules* solides, cornées, larges, triangulaires, très obsolètement denticulées en dedans, testacées à leur base, rembrunies à leur extrémité. Les autres parties de la bouche peu distinctes.

Ocelles nuls.

Antennes cachées, représentées seulement par un petit tubercule.

Prothorax assez grand, transverse, assez mou, convexe, d'un blanc jaunâtre, obsolètement et très finement ridé en travers; sillonné-canaliculé sur sa ligne médiane, à sillons allant en mourant en avant; offrant sur les côtés quelques légères cicatrices. *Mésothorax* et *métathorax* bien plus

---

(1) Perris a connu cette larve et n'a fait que l'indiquer comme très voisine de celles des *Hylesinus*. Je crois devoir la décrire complètement, pour donner au moins une idée d'une larve du genre *Phloeosinus*. — L'espèce répond au *Thujae* Perris, *Juniperi* Nordlinger.

courts, aussi longs, pris ensemble, que le prothorax, voûtés, plus ou moins plissés en travers.

Abdomen subcylindrique, un peu plus étroit postérieurement, voûté et fortement contourné en arc, de 9 segments un peu moins larges que le thorax; mous, plissés en travers, d'un blanc jaunâtre. *Stigmates* peu apparents, enfouis dans les replis ou bourrelets des côtés.

Dessous du corps moins convexe. *Ventre* sillonné de chaque côté, moins fortement plissé en travers, d'un blanc jaunâtre. *Anus* peu saillant, d'aucun secours pour la progression.

Obs. Cette larve, que Perris a signalée sous la dénomination d'*Hylesinus Thujae*, vit sous les écorces de Thuyas et de Genévriers. M. Simon Guillebeau, frère de M. Francisque Guillebeau, bien connu dans la science par des descriptions d'Élatérides qu'il a publiées en collaboration de Mulsant, a découvert un certain nombre de ladite larve, au mois d'avril 1884, sous les écorces d'un Thuya *(Thuja orientalis)* mort et abattu, dans une propriété située place de l'Antiquaille, c'est-à-dire pour ainsi dire dans la ville. Elle pénètre ordinairement dans l'intérieur du bois et elle se comporte à peu près comme les larves d'*Hylesinus (Fraxini, vittatus, oleiperda)*, c'est-à-dire que les galeries de ponte sont longitudinales, et, par suite, celles des larves plus ou moins transversales.

C'est presque toute une histoire que la découverte de cette larve. En effet, il y avait là, en outre, en sa compagnie, *Laemophoeus juniperi*, espèce nouvelle, à ma connaissance, pour la Faune lyonnaise, et décrite il y a quelques années, pour la première fois, par M. Antoine Grouvelle (Ann. Soc. ent. Fr., 1875, p. 503, pl. 9, fig. 24), espèce qu'on rencontre dans la Provence sur les Thuyas et les Genévriers, sous l'écorce desquels elle s'introduit pour faire la guerre aux jeunes larves de *Phlœosinus impressus* Ol *(Thujae* Perris, — *Juniperi* Nordl.), si nuisibles à ces deux es ences de Conifères. J'avais rencontré plusieurs fois sur le Genévrier ledit Xylophage, mais jamais son parasite. Il faut que celui-ci, *Laemophloeus juniperi*, ait été importé du Midi avec le Thuya dont les pépiniéristes font le commerce, et il est à supposer, puisqu'il est depuis peu connu, qu'il ait été lui-même transporté, soit à l'état de ver, soit à l'état d'œuf, de l'extrême Orient dans le midi de l'Europe, avec des pieds d'arbres provenant de ces contrées lointaines. Quoi qu'il en soit, c'est un fait intéressant pour la Faune lyonnaise, d'avoir découvert simultanément le Xylophage et son parasite, ce dernier jusqu'alors inconnu dans nos parages.

La présence et les évolutions simultanées de ces deux êtres sous les écorces du même arbre, avaient dû nécessairement y laisser et y entasser des déjections et des résidus organiques de toute sorte ; et, comme rien n'est perdu dans la nature, plusieurs larves vidangeuses s'y étaient donné rendez-vous pour participer à la curée ; telles sont, entre autres, des larves de Ptéromalites, de Malachies et de Dasytides, sans compter celle du *Cryptophagus rufus*, avec l'insecte parfait.

NYMPHE

La nymphe n'a rien de bien remarquable. Elle est molle, glabre, entièrement blanchâtre. La tête est fortement infléchie ou même réfléchie en dessous, avec les palpes indistincts. Les antennes, assez ressorties, laissent distinctement apercevoir leur massue comprimée et articulée. Le prothorax est incliné, convexe, plus ou moins plissé sur les côtés, relevé sur sa ligne médiane en une carène saillante qui doit se retrouver, mais affaiblie, dans l'insecte parfait. L'arrière-corps affecte une position presque horizontale. Les élytres comme toujours, fortement rejetées en dessous sur les côtés, offrent dans la base de leur ouverture une côte, qui représente les diverses pièces du *scutum*. Elles sont fortement striées ou sillonnées, mais sans apparence de points. La partie nue de l'abdomen est longitudinalement convexe sur son milieu et largement sillonné-impressionnée de chaque côté, avec les segments assez visibles et l'anus terminé par 2 dents très écartées, divergentes, un peu recourbées en dedans à leur sommet. Les pieds, repliés en dessous, ont leur base cachée par les élytres, leurs genoux, tibias et tarses libres, les antérieurs parfois assez saillants.

Comme la plupart des larves de Xylophages se ressemblent entre elles, Perris a négligé à dessein de décrire plusieurs espèces dont il n'a fait que signaler les mœurs et habitudes. Telle est, entre autres, la larve du *Carphoborus minimus*, qui est très petite, voûtée, pâle, avec la bouche à peine plus foncée. Elle vit sous les écorces des jeunes branches de Pin, et elle pénètre parfois assez profond dans le bois des ramilles. On la trouve en mars, en Provence.

TRIBU DES LONGICORNES

C'est là encore une catégorie de Coléoptères malheureusement trop connus par les nombreux dégâts qu'ils occasionnent aux arbres, arbrisseaux, arbustes, et même tiges herbacées. Leurs larves ont une forme allongée, non ou peu arquée; une tête courte, enchâssée dans un prothorax large et grand, ce qui les fait ressembler à quelques larves de Buprestides, seulement elles sont bien moins déprimées. Les segments abdominaux sont généralement fortement plissés en travers et pourvus, en dessus comme en dessous, d'ampoules ambulatoires souvent garnies de granules ou aspérités, lesquelles affectent différentes dispositions suivant les divers groupes dans lesquels Perris a départi ces larves. Elles sont apodes ou bien parfois pourvus de pattes très courtes. Elles sont assez faciles à élever dans la carie et le tan des vieux arbres.

On en connaît un grand nombre que Perris a doublé, tout en constatant que l'étude approfondie qu'il en avait faite, était venue confirmer presque en tout point la classification de Mulsant. Les principaux auteurs qui s'en sont occupés sont : Roesel, Westwood, Mulsant, Ratzebourg, Chapuis et Candèze, Heeger, Goureau, Lucas, Bouché, Graëlls, Guérin-Méneville et L. Dufour, etc.

Je me permets de donner ici la description de quelques espèces que je crois inédites.

Larve de la **Parmena fasciata**, De Villers.

Long. 6 à 8 mill. — *Corps* apode, suballongé, subdilaté vers son tiers antérieur, assez convexe, d'un testacé assez brillant; couvert d'assez longs poils fins, redressés et d'un blond pâle.

Tête petite, transverse, plus ou moins enchâssée dans le prothorax, un peu moins large que le sommet de celui-ci, subhorizontale, peu convexe, éparsement pilosellée, d'un testacé brillant; obsolètement chagrinée-ridée, marquée sur son milieu d'un sillon longitudinal presque indistinct et, sur le devant, d'une série transversale de 6 points grossiers mais peu enfoncés. *Épistome* séparé du front par une différence de plan sensible, largement tronqué à son bord antérieur. *Labre* testacé, en hémicycle. *Mandibules* assez saillantes, robustes, d'un noir brillant, moins foncées à leur base, larges et tronquées ou à peine échancrées à leur extrémité. *Palpes maxillaires* courts, épais, testacés, de 3 articles ; le dernier plus étroit, subatténué, mousse au bout. *Palpes labiaux* peu distincts.

　　Yeux réduits à un petit ocelle obscur, situé au dessous des antennes. *Antennes* très courtes, rétractiles, inappréciables.

　　Prothorax très grand, graduellement élargi en arrière, d'un testacé livide assez brillant, distinctement pilosellé sur les côtés; subconvexe ; presque lisse dans sa partie antéro-médiane, graduellement plus rugueux latéralement où il est profondément impressionné-sillonné le long de la marge, qui est explanée et comme doublement rebordée. *Plaque méta-prothoracique* subimpressionnée en avant, marquée en arrière de fines stries longitudinales, celles du milieu serrées, celles des côtés écartées, mais offrant entre elles des strioles plus fines et raccourcies.

　　Mésothorax et *métathorax* très courts, un peu plus larges que le prothorax, subégaux, transversalement relevés en bourrelet, mamelonnés sur les côtés, convexes, distinctement pilosellés, un peu granuleux sur le dos, d'un testacé livide.

　　Abdomen un peu moins large à sa base que le métathorax et puis un peu rétréci jusqu'après son milieu ; convexe, éparsement pilosellé ; d'un testacé livide et assez brillant ; de 9 segments subégaux ou graduellement un peu moins courts ; plus ou moins bourrelés ou sillonnés en travers sur le dos, et plus ou moins impressionnés et mamelonnés sur les côtés. Les 7 premiers avec des ampoules ambulatoires brunâtres, à aspérités formant 2 boucles transversales. Les 8e et 9e à surface inégale, sans ampoules, le 9e plus court, mousse.

　　Dessous du corps testacé, livide, assez brillant, éparsement pilosellé. *Prosternum* grand, offrant quelques fines stries sur sa plaque postérieure. *Ventre* convexe, plus ou moins ridé, plus ou moins mamelonné ou impressionné, à 7 premiers arceaux avec des ampoules ambulatoires obsolètes. *Mamelon anal* grand, subovale, testacé, en hémicycle, souvent un peu visible vu de dessus.

　　Pieds nuls, remplacés par des ampoules tuberculeuses.

　　Obs. Cette larve vit dans les tiges de Sureau, d'Orme, de Lierre et probablement de plusieurs autres espèces de bois. On la trouve en mai et commencement de juin. Elle ressemble à celle de la *Parmena Solieri*, mais celle-ci est un peu plus pâle et proportionnellement un peu plus large, avec les ampoules ambulatoires plus obsolètes, etc. — J'ai capturé cette dernière, en février, aux environs de Collioure, dans les tiges desséchées d'*Euphorbia characias*.

NYMPHE

La nymphe de la *Parmena fasciata* est blanchâtre, argentée, molle, luisante, parsemée en dessus de soies blondes, subhispides et redressées. Le dernier segment présente à son extrémité une saillie conique, molle mais terminée par un petit aiguillon corné d'un roux de poix et un peu recourbé en forme de crochet. L'écusson est grand. Les élytres, comme toujours, repliées en dessous, ne montrent en dessus que leur région humérale, en forme d'onglet ou de triangle allongé. Les pieds sont repliés en dessous, avec tous les tarses ramassés au milieu suivant une ligne longitudinale et parallèle, et tous les genoux remontés jusqu'à la surface supérieure du corps et visibles en dessus, et les postérieurs plus saillants. La tête est réfléchie en dessous, avec les palpes bien distincts et libres. Les antennes, également libres, renversées le long des côtés du corps, passent entre ceux-ci et les genoux antérieurs et intermédiaires, et von, se recourber en demi-cercle en passant en dessous des genoux postérieurs. L'anus est précédé de 4 petits mamelons.

Obs. J'ai trouvé cette nymphe avec l'insecte parfait dans les ramilles d'Ormeau et dans les jeunes tiges de Lierre, en juin et juillet.

Larve du **Pogonochcrus Caroli**, Mulsant.

Long. 8-10 mill. — *Corps* apode, assez allongé, subtétraédrique, un peu renflé antérieurement; assez mou, brillant, blanchâtre avec les parties de la bouche plus obscures; revêtu, surtout sur les côtés, de poils fins, assez longs, pâles et redressés.

Tête petite, courte, enchâssée dans le prothorax, bien plus étroite que celui-ci, pilosellée sur les côtés, blanchâtre, à partie antérieure ferrugineuse; largement et peu profondément échancrée en avant avec les lobes latéraux de l'échancrure avancés contre la base des mandibules en forme de dent obtuse, brunâtre et plissée; subdéprimée sur le dos où elle est marqué de 2 larges impressions légères, transversalement obliques, subélargies en dedans et obsolètement subfovéolées elles-mêmes. *Épistome* grand, transverse, presque aussi long que la tête, pâle et presque mat, déprimé, avec quelques plis longitudinaux à sa base. *Labre* plus court et plus étroit, pâle, plus brillant, obsolètement biimpréssionné-ridé, arrondi sur les côtés et subtronqué au sommet, paré extérieurement de poils blonds et luisants. *Mandibules* longues, robustes, brunâtres, subrectilignes en dehors, largement et subparallèlement tronquées-subéchancrées à leur sommet. *Mâchoires* charnues. *Palpes* épais, testacés.

Yeux représentés par un petit point noir ocelliforme, assez saillant.

Antennes très courtes, rétractiles, peu distinctes.

Prothorax très grand, aussi long que les 3 segments suivants réunis, fortement et obliquement élargi d'avant en arrière d'une manière presque rectiligne; tronqué au sommet; subarqué à sa base; blanchâtre; éparsement pilosellé, plus densément et plus fortement sur les côtés, où les poils sont mélangés de soies moins fines et souvent moins pâles, à leur base surtout; légèrement réticulé antérieurement, plus fortement et à mailles plus larges sur la plaque métaprothoracique, qui est déprimée ou même subexcavée en arrière où elle offre des rides longitudinales nombreuses et assez accusées.

Mésothorax et *métathorax* très courts, blanchâtres, arqués et distinctement pilosellés sur les côtés, finement réticulés, creusés d'un pli transversal assez profond, à bord postérieur relevé en bourrelet.

Abdomen blanchâtre, un peu moins pâle sur le dos que sur les côtés, légèrement pilosellé sur ceux-ci; subparallèle dans son ensemble jusqu'au 8ᵉ segment, mais subétranglé à chaque intersection; obsolètement réticulé; de 9 segments courts, subégaux ou graduellement à peine moins courts. Les 7 premiers munis chacun d'une ampoule ambulatoire transversale et à granulation obsolète, disposée en chaînons plus ou moins sinués ou repliés sur eux-mêmes : l'ampoule des 5ᵉ à 7ᵉ plus saillante et limitée en arrière par un sillon transversal plus large et plus profond : les ampoules des 4 premiers partagées en deux par un sillon médian plus ou moins accusé, celles des 2 suivants séparées simplement par de fines rides longitudinales. Le 8ᵉ sans ampoule, simplement subexcavé sur le dos, plus ou moins impressionné-cicatrisé sur les côtés, ainsi que le précédent. Le 9ᵉ un peu plus étroit que le 8ᵉ, rétréci en arrière en ogive obtuse; plus lisse, obsolètement bisillonné en travers; muni près de son sommet d'une plaque cornée, subconvexe, d'un roux ferrugineux, subcirculaire ou en ovale très court et subtransverse.

Dessous du corps pâle, moins convexe que le dessus, plus ou moins pilosellé sur les côtés, surtout des segments thoraciques. *Ventre* à ampoules ambulatoires excavées, celles des 2 premiers arceaux partagées en deux par une saillie médiane. *Mamelon anal* peu saillant. *Stigmates* au nombre de 9 paires, normalement situés.

Pieds nuls.

Obs. Cette larve a été trouvée par le R. P. Belon, en août et septembre, dans des branches de Pin maritime situées à une certaine élévation (1).

Elle semble différer de la larve du *Pogonocherus dentatus* Fourcr. par la taille plus forte et la plaque cornée du 9° segment abdominal plus circulaire, etc. Elle a beaucoup d'analogie avec celle du *P. Perroudi* Muls. qui vit également dans le Pin maritime et peut-être aussi dans le Chêne-vert, sur lequel j'ai pris souvent l'insecte parfait.

NYMPHE

La nymphe, comme celle des autres Longicornes, a les antennes renversées le long des côtés du corps, excepté leur extrémité qui s'infléchit au-dessous des genoux postérieurs pour se contourner en circonférence contre les tarses antérieurs et intermédiaires. Le dernier segment abdominal est terminé par 7 épines dont la médiane plus forte, plus redressée, plus obscure et située plus sur le dos.

Les larves publiées du *G. Pogonocherus* sont les *pilosus* Bouché *(dentatus*, Fourcr.), *decoratus* Fairmaire, et *hispidus* Perris (Larv. Col., p. 488).

TRIBU DES CHRYSOMÉLINES OU PHYTOPHAGES

Ainsi que l'indique ce dernier nom, les insectes de cette tribu se nourrisent presque exclusivement de plantes herbacées et de feuilles d'arbres ou d'arbrisseaux dont elles dévorent le parenchyme. Les larves sont, les unes *(Chrysomela)* atténuées en avant et très renflées ou voûtées en arrière, les autres *(Galeruca)* rétrécies postérieurement, avec la tête toujours verticale. Quelques-unes *(Clytra, Cryptocephalus)* se construisent une espèce de coque avec de la terre. On en connaît un grand nombre dont les descriptions sont dues principalement à Bouché, Aubé, Réaumur, De

---

(1) Précédemment Le R. P. Belon, avait présenté à la Soc. Linn. de Lyon *(Bulletin mensuel*, n° 12, décembre 1883), une note pour servir à l'histoire du *Pogonocherus Caroli*.

Geer, Leizner, Ratzeburg, Chapuis et Candèze, L. Dufour, Heeger, West-wood, Mulsant, Perris, et surtout à Cornelius et à Rosenhauer, etc.

Je donne ci-après la description de quelques espèces que je n'ai trouvées signalées nulle part.

Larve de la **Chrysomela fastuosa**, Linné.

Long. 5-6 mill. — *Corps* hexapode, ramassé, subovalaire; corné et rétréci en avant, charnu, mou, très convexe, voûté et obtus en arrière; éparsement sétosellé, d'un testacé livide et peu brillant. *Tête* cornée, transverse, verticale, un peu moins large que le prothorax, éparsement sétosellée, d'un roux testacé livide et assez brillant. *Vertex* convexe, creusé sur son milieu d'un canal très fin, se bifurquant en forme de V sur le front. *Celui-ci* subdéprimé, obsolètement ridé et creusé en avant de 2 sillons obliques, convergents en arrière. *Labre* court, convexe, ridé, d'un roux brillant, infléchi et angulairement entaillé ou sinué au sommet. *Mandibules* robustes, très peu saillantes, rousses à extrémité à peine rembrunie, arquées, paraissant tridentées au bout. *Palpes maxillaires* épais, d'un roux de poix, de 3 articles graduellement moins épais (1) : le 1er très court, en forme de socle : le 2e moins court : le dernier un peu plus étroit, en cône tronqué. *Palpes labiaux* petits, testacés, de 2 articles le 1er court, rétractile : le 2e un peu plus long, mousse au bout.

Yeux représentés par 6 petits ocelles saillants, semiglobuleux, lisses, noirs : 4 supérieurs, rapprochés et disposés en losange : 2 bien plus bas, plus écartés l'un de l'autre, situés au-dessous des antennes, sur une ligne transversale.

Antennes très courtes, noires, plus ou moins retirées dans une cavité circulaire; paraissant de 3 articles : le dernier plus étroit, subatténué, mousse au bout.

Prothorax corné, grand, transverse, convexe, très déclive sur les côtés qui, vus latéralement, sont angulés dans leur tiers antérieur ; éparsement sétosellé ; obsolètement réticulé ; creusé sur son milieu d'un petit sillon longitudinal raccourci, et, en avant de 4 fossettes légères et disposées en quadrille, les postérieures néanmoins plus écartées entre elles; plus ou moins impressionné sur les côtés du disque, avec les marges antérieure

---

(1) Le sommet des mâchoires où sont insérés les palpes, forme une espèce de bourrelet qui simule un 4e article basilaire.

et postérieure déprimées, mates et finement chagrinées ; d'un roux testacé brillant à région dorsale plus foncée.

Mésothorax, métathorax et *segments abdominaux* de consistance molle ; charnus, très éparsement et brièvement sétosellés, finement chagrinés, plus ou moins impressionnés et mamelonnés sur les côtés ; d'un roux testacé livide et peu brillant avec la région dorsale un peu rembrunie. Les deux derniers segments thoraciques grossièrement sillonnés en travers, avec les stigmates situés latéralement entre les plis des bourrelets.

Abdomen très convexe, voûté, renflé et obtus en arrière, de 9 segments. Les 6 premiers subégaux, plus ou moins sillonnés en travers : le 7e plus court, simplement impressionné sur les côtés, orné sur le milieu de sa base d'une tache brune sensible, assez grande mais obsolète : le 8e encore plus court, plus étroit, subarrondi dans le milieu de son bord apical : le 9e bien plus étroit, un peu plus court, infléchi, subtronqué au sommet. *Stigmates abdominaux* représentés par un petit ombilic noir, très visibles vus de dessus, situés sur la page supérieure assez loin des côtés.

Dessous du corps d'un roux livide et assez brillant. *Ventre* subexcavé, cintré, fortement mamelonné sur les côtés, à mamelons plus pâles. *Mamelon anal* formé de 2 lobes saillants, oblongs, fortement infléchis.

Pieds courts, épais, testacés avec la base des hanches noire, les genoux et le sommet des tibias un peu rembrunis. *Hanches* assez grandes, couchées. *Trochanters* en onglet. *Cuisses* épaisses, suballongées, un peu en massue, éparsement ciliées en dessous, à peine en dessus. *Tibias* un peu plus courts, en massue tronquée, très éparsement ciliés, terminés par un crochet dilaté-denté à sa base et brusquement coudé au sommet.

Obs. Cette larve vit, avec l'insecte parfait, sur les *Galeopsis angustifolia* Ehr. et *grandiflora* Roth., dont elle dévore les feuilles.

Elle a presque tout à fait la forme de la larve des *Chrysomela Menthastri* et *cerealis*, dont elle se distingue par la taille et la couleur et par le développement des lobes du mamelon anal.

Je partagerai mes larves connues de *Chrysomela* en 4 catégories, savoir :

1° Larves plus ou moins obscures ou bronzées, presque glabres *(Menthastri, cerealis)* ;

2° Larves obscures, mais distinctement sétosellées *(marginalis)* ;

3° Larves en majeure partie rousses ou testacées *(fastuosa, americana)* ;

4° Larves tnberculeuses.

Les *Menthastri*, *cerealis* et *marginalis* ne figurent pas dans les catalogues de larves décrites. Toutefois, il pourrait bien se faire que la larve de la *Menthastri* réponde à celle décrite par Letzner (Ubers. Arb. Schles. Ges., 1841, 105) sous le nom de *fulgida*, dénomination spécifique qui ne se trouve pas dans les catalogues. Je me dispense donc de la décrire, et je dirai seulement qu'elle est d'un noir bronzé avec le dessous des cuisses et des tibias pâle. La larve de la *Chrysomela cerealis* en diffère par ses pieds entièrement noirs, et celle de la *C. marginalis* se distingue de cette dernière par son corps hérissé de soies obscures, et il en est peut-être ainsi de celles des espèces voisines à bordure rouge, telles que *sanguinolenta*, *Gypsophilæ* et *depressa*, etc.

Quant aux larves des Galérucides et Altisides, deux subdivisions de la tribu des Phytophages, elles sont généralement plus allongées, plus ou moins tuberculeuses ou même épineuses et elles simulent des larves de certaines Coccinelles. Elles ont entre elles la plus grande affinité.

Je vais donner ici la description sommaire de quelques espèces communes que je suis étonné de n'avoir constatées ni dans Bouché, ni dans Chapuis et Candèze, ni dans Perris, ni dans le catalogue des larves connues de J. Duval.

Larve de l'**Adimonia rustica**, Schaller.

Long. 10-12 mill. — *Corps* hexapode, suballongé, un peu rétréci au deux bouts, arqué et voûté en arrière, d'un noir mat; muni en dessus de nombreux tubercules coniques, disposés par séries, denticulés et ciliés à leur sommet de longues soies pâles, subhispides et divergentes.

Tête verticale, d'un noir brillant, éparsement hispido-sétosellée ; longitudinalement sillonnée sur le vertex et largement impressionnée sur le front. *Épistome* court, largement tronqué ou à peine échancré au sommet, séparé du front par une différence de plan. *Labre* court, brillant, rugueux, sinueusement impressionné en avant. *Palpes* d'un noir de poix, épais, à articles graduellement plus étroits, le dernier conique.

Yeux petits, réduits à un ocelle granuleux et lisse.

Antennes noires, très épaisses, courtes, coniques, paraissant de 3 articles graduellement plus courts, le dernier plus étroit.

Prothorax plus large que la tête, court, finement chagriné, d'un noir mat ; plus ou moins impressionné en avant et sur les côtés, à tubercules obtus mais fortement subhispido-fasciculés, avec de longues soies inégales le long du bord antérieur.

Mésothorax et *métathorax* très courts, un peu plus larges que le prothorax, finement chagrinés, d'un noir mat ; plissés en travers, cicatrisés et tuberculés-fasciculés sur les côtés, avec deux rangées transversales de tubercules sétosellés-fasciculés, ceux de la rangée antérieure moins saillants.

Abdomen convexe, arqué et voûté en arrière, obtusément atténué postérieurement ; finement chagriné, d'un noir mat ; de 9 segments. Les 8 premiers subégaux, plus ou moins plissés ou sillonnés en travers, fortement impressionnés-cicatrisés sur les côtés ; de plus, munis sur le dos de deux séries transversales de tubercules coniques, denticulés et subhispido-sétosellés vers leur extrémité, avec ceux de la série postérieure plus prolongés et conico-subcylindriques. Le dernier plus étroit, plus lisse, plus brillant, en hémicycle irrégulier, assez profondément excavé sur son milieu, relevé et subhispido-sétosellé sur les bords.

Dessous du corps d'un noir un peu brillant, finement chagriné, éparsement subhispido-sétosellé. *Ventre* très inégal. *Anus* en tube très court, chiffonné.

Pieds courts, épais, noirs, éparsement hispido-sétosellés en dessous. *Hanches* coniques, presque lisses. *Cuisses* épaisses, subcylindriques, subélargies vers leur extrémité. *Tibias* presque aussi longs, subarqués, subatténués et terminés par un crochet solide.

Obs. Cette larve se trouve en mai, sur les Scabieuses des champs dont elle ronge les feuilles. A part la taille, elle ressemble beaucoup à celles de l'*Adimonia tanaceti* L. et de la plupart des Galérucides.

Larve de la **Galeruca xanthomelaena**, Schrank. (1)

Long. 6 1/2 mill. — *Corps* hexapode, assez allongé, convexe, subatténué en arrière, d'un noir mat ; muni de tubercules prolongés, coniques et terminés par des faisceaux de longues soies blondes et subhispides.

Tête verticale, assez brillante, largement biimpressionnée en avant sur

---

(1) Je me suis permis de décrire de nouveau cette larve déjà connue sous le nom de *Galeruca Crataegi* Forst., et dont les dégâts ont déjà été signalés par Gourcau, Lucas, Barbut et plus récemment et plus explicitement par J. Bourgeois (*Bull. Soc. des Amis des Sciences de Rouen*).

^le front, avec l'intervale des impressions obsolètement relevé en carène.

Prothorax moins court que les segments suivants et à tubercules moins prolongés.

Pieds courts, épais, terminés par un ongle grêle, arqué et ferrugineux à son extrémité.

Obs. Cette larve est assez commune en mai, sur les jeunes pousses d'Ormeau, dont elle ronge les feuilles. Elle ressemble à celle de l'*Agelastica Alni*, mais les tubercules du corps sont plus prolongés et la taille es_t plus forte.

La larve de la *G. Viburni* (Bouché, p. 205, 35) est plus ramassée, à couleur foncière un peu moins mate. Elle vit sur le *Viburnum opulus* Linn.

Celle de la *G. Nymphæa* (Westwood, Intr., I, 328, fig. 46) est renflée sur les côtés de l'abdomen, simplement et éparsement ciliée latéralement, avec des rugosités transversales, mais sans tubercules sensibles. Elle se nourrit de feuilles de *Nymphæa alba* Lin. — La nymphe noire, ainsi que sa larve, est curieuse par sa forme en losange, son prothorax prolongé au-dessus de la tête en forme de chaperon ou de capuche, et par le dernier segment abdominal muni de deux appendices épais, coniques et très divergents.

LARVE DE L'**Haltica ampelophaga**, Guérin.

Long 2 1/2 mill. — *Corps* hexapode, oblong, assez épais, un peu rétréci tout à fait en arrière, d'un noir assez brillant, recouvert sur le dos de replis surélevés, transversaux, convertis sur les côtés en tubercules obsolètes, et, de plus, hérissé de longues soies blondes, plus nombreuses latéralement.

Tête inclinée, presque lisse, luisante, creusée en avant de 4 impressions disposées en quadrille, les antérieures plus vagues, les postérieures moindres, fovéiformes.

Prothorax presque lisse, luisant, moins court que les segments suivants, largement impressionné de chaque côté.

Pieds courts, épais, à ongle petit, arqué, ferrugineux.

Obs. Cette larve n'est que trop commune sur les feuilles de vigne dont elle détruit le parenchyme. Dans la France méridionale, à partir de Lyon ou de Vienne, elle occasionne souvent de grands dégâts que continue l'insecte parfait. J'en ai capturé plus de 200 exemplaires sur un jeune pied.

Elle ressemble beaucoup à celle de l'*H. oleracea*. D'abord entièrement noire, elle contracte sur le dos une teinte d'un testacé livide, à l'approche de sa métamorphose en nymphe. Celle-ci est pâle, voûtée, parsemée de soies épineuses, insérées sur un petit ombilic conique.

Guérin-Méneville, Allard et plus récemment M. Peragallo (Ins. nuisibles à l'Agric., 1855, p. 78) avaient déjà signalé et décrit cette larve, ainsi que ses mœurs et habitudes (1).

Je n'ai presque rien à dire sur les larves et les nymphes des Cassides qui sont bien connues et qui se comportent toutes à peu près de la même manière, avec la seule différence que chacune affectionne sa plante particulière. Ainsi, comme on le sait, la *Cassida murræa* vit sur l'*Inula Britannica*, la *Cassida ferruginea* sur l'*Onopordium acanthium*, et la *deflorata* sur l'Artichaut. La nymphe de celle-ci est plus fortement épineuse dans son pourtour que celle de *ferruginea*, avec l'anus terminé par deux longs appendices qu'elle tient renversés par-dessus le dos. La *C. depressa* vit sur les Camomilles *(Anthemis arvensis* et *cotula)*, la *C. seladonia* sur la *Pulicaria dysenterica* et plusieurs espèces de *Filago*, la *C. oblonga* sur l'*Atriplex halimus*, la *C. subreticulata* sur la Saponaire, la *C. nebulosa* sur l'*Atriplex patula* et plusieurs espèces de *Chenopodium*, la *C. equestris* sur les *Lycopus europæus* et *Salvia pratensis*. — La nymphe de la *C. nebulosa* est remarquable par l'extrémité de l'abdomen presque nue ou seulement avec deux épines tronquées et redressées, etc.

TRIBU DES APHIDIPHAGES OU COCCINELLIDES

Les larves des Aphidiphages, par les services qu'elles rendent, viennent nous dédommager des ravages exercés par celles des tribus précédentes. Elles détruisent pour la plupart les Pucerons qui infestent nos jardins, nos forêts et nos champs; d'autres *(Scymnus minimus)*, ainsi que l'a constaté M. J. Nicolas, s'attaquent aux petites espèces de Tétranyques.

On en connaît un certain nombre dont les descriptions sont dues, en majeure partie, à De Geer, Mulsant et Perris.

(1) J'ai cru devoir donner la description plus complète de la larve déjà connue de l'*H. ampelophaga*, comme type d'une espèce essentiellement nuisible. — La larve de la *Dibolia femoralis* Redt. est un peu plus parallèle : elle vit sur la Sauge des prés qu'elle crible de petits trous. Du reste, la plupart des larves d'Haltisides se ressemblent entre elles.

Je les partage en 4 catégories principales :

1° Les tuberculeuses, à tubercules plus ou moins dentés *(Coccinellaires, Scymniens)* ;

2° Les épineuses, à épines presque simples *(Anatis, Propylea, Sospita,* etc.) ;

3° Les épineuses, à épines dentées et ciliées *(Chilocoriens)* ;

4° Les épineuses, à épines ramifiées *(Épilachniens)*.

Les larves du 1er groupe des Aphidiphages ont entre elles la plus grande affinité. J'en possède quelques-unes que je ne vois nulle part publiées et dont je vais donner les descriptions sous toute réserve.

LARVE SUPPOSÉE DE L'**Adonia mutabilis,** Scriba.

Long. 4 mill. — *Corps* hexapode, oblong ou suballongé, subrétréci aux deux bouts, subconvexe; d'un noir cendré mat, avec une bordure et 2 taches pâles au prothorax, et une bande longitudinale de même couleur sur le dos des mésothorax et métathorax, et 4 taches d'un jaune orangé sur l'abdomen : celui-ci muni de 4 séries de tubercules dentés.

Tête subtransverse, verticale, moins large que le prothorax, biimpressionnée sur le front, bituberculée sur les côtés, éparsement sétosellée ; d'un noir brillant, à partie antérieure souvent plus pâle et livide. *Épistome* tronqué. *Labre* transverse. *Palpes maxillaires* très épais, noirâtres, de 3 articles : le dernier un peu plus étroit, conique.

Yeux peu distincts, réduits à 2 ou 3 ocelles obsolètes.

Antennes courtes, rétractiles, noires, de 3 articles : le premier peu apparent : le dernier plus étroit, terminé par 3 petites soies, dont la médiane située sur une petite saillie simulant un article rudimentaire, presque indistinct.

Prothorax assez grand, transverse, peu convexe, un peu incliné d'arrière en avant, subélargi postérieurement où il est un peu moins large que le mésothorax; subarrondi aux angles; à peine sétosellé ; d'un noir assez brillant, avec une ceinture pâle occupant tout le pourtour et dilatée aux angles antérieurs en forme de taches, et une étroite bande longitudinale de même couleur partant de la base et à peine avancée jusqu'au milieu du disque; fortement impressionné de chaque côté de celui-ci; muni dans son pourtour, en dedans de la ceinture marginale, d'une série de dents et de quelques autres moindres et plus rares sur le disque.

Mésothorax et *métathorax* graduellement plus courts, peu convexes, plus longs, pris ensemble, que le prothorax ; d'un gris pâle ou testacé dans tout son pourtour, avec 2 larges cicatrices transversales noires occupant tout le disque, munies de fortes dents sur leurs bords, plus fortes et plus nombreuses sur les côtés.

Abdomen aussi large à sa base que le métathorax, subarcuément rétréci en arrière, assez convexe ; d'un noir gris mat, avec 4 taches d'un jaune orangé situées, 2 de chaque côté des 1er et 4e segments. Ceux-ci au nombre de 9 : les 8 premiers munis de 4 séries longitudinales de tubercules assez prolongés, généralement tri ou quadridentés, avec les extérieurs seuls brièvement sétigères ; offrant, en outre, leurs côtés plus ou moins mamelonnés et à mamelons plus faiblement dentés, ceux du 1er segment d'un jaune orangé et, plus rarement, ceux du 4e : le 9e plus étroit, fortement sétosellé, subarrondi au sommet, garni avant celui-ci d'une série transversale de petits denticules et de quelques autres plus rares sur le disque.

Dessous du corps d'un gris livide et peu brillant. *Ventre* éparsement sétosellé, orné de séries de tubercules granuleux, noirs. *Mamelon anal* peu saillant, membraneux, pâle.

Pieds assez longs, d'un noir brillant, éparsement subhispido-sétosellés. *Tibias* densément ciliés en dessous, terminés par un tout petit crochet grêle, infléchi, à peine arqué, subtestacé au sommet.

Obs. Cette larve est commune, en juillet, sur les herbes et les arbustes, en compagnie de l'insecte parfait. Elle fait la chasse à diverses espèces de Pucerons.

LARVE SUPPOSÉE DE LA **Coccinella variabilis**, Fabr.

Long. 4 mill. — *Corps* hexapode, suballongé, modérément atténué en arrière, subdéprimé, d'un noir peu brillant en dessus, avec une bande longitudinale médiane d'un jaune pâle, non prolongée sur le dernier segment abdominal, ni sur le prothorax qui est entouré d'une ceinture testacée, excepté à la base ; paré sur l'abdomen de 5 taches de même couleur : 1 de chaque côté du 1er segment et 3 sur le 4e, dont la médiane plus grande et transversale.

Tête inclinée, moins large que le prothorax, ferrugineuse, marquée sur le front de 2 impressions médiocres, subarquées et se regardant.

Thorax très inégal, plus ou moins tuberculé sur le disque, aigûment denté-cilié sur les côtés. *Prothorax* moins court que les pièces suivantes, creusé sur son milieu d'un sillon longitudinal, effacé en avant.

Abdomen longitudinalement sillonné sur son milieu, muni sur le disque et sur les côtés de séries de tubercules courts, généralement quadridentés et à dents sétigères.

Pieds allongés, ciliés, obscurs, avec les trochanters, la base de toutes les cuisses et les tibias intermédiaires, moins leur sommet, testacés. *Ongles* petits, testacés, arqués, lobés-dentés en dessous à leur base.

Obs. Cette larve se trouve en juin, en battant les tilleuls et autres arbres. Par la longueur des pieds, elle a quelque analogie avec celle de l'*Adonia mutabilis,* dont elle diffère par la couleur des pieds et les taches pâles du corps autrement disposées.

LARVE SUPPOSÉE DE LA Coccinella 14-pustulata, Linné.

Long. 3 1/3 mill. — *Corps* hexapode, oblong, arqué sur les côtés et un peu rétréci en arrière, subconvexe ; d'un noir brunâtre et peu brillant, avec le prothorax d'un jaune testacé, un peu rembruni latéralement et paré de 2 grandes taches discales noires, et le reste du corps parcouru par 3 bandes longitudinales d'un jaune testacé, plus étroites et postérieurement obsolètes.

Tête verticale, d'un brun de poix, bien moins large que le prothorax, excavée sur le front.

Prothorax transverse, moins court que les segments suivants, creusé sur son milieu d'un sillon longitudinal très profond, raccourci en avant, et, de chaque côté de celui-ci, d'une impression subsulciforme ; tuberculé-denté latéralement. *Mésothorax* et *métathorax* tuberculés-dentés sur leur disque et sur les côtés.

Abdomen longitudinalement trisillonné sur le disque, avec l'intervalle des sillons et les côtés garnis de séries de tubercules obsolètes ou peu saillants, généralement bidentés ou tridentés et à dents terminées par une soie médiocre.

Dessous du corps inégal, obscur, mélangé de taches d'un jaune livide. *Ventre* éparsement sétosellé (1).

_____

(1) Quand la larve est près d'entrer en nymphose, elle présente au sommet de l'abdomen 2 disques circulaires et verticalement situés, destinés probablement à retenir la dépouille.

Pieds peu allongés, assez épais, ciliés, d'un roux livide. *Ongles* très petits, peu distincts.

OBS. Cette larve se prend en fauchant, sur les herbes. Elle ressemble à celle de la *Thea 22-punctata*. Elle est hérissée de soies moins longues et surtout bien moins nombreuses, et les bandes pâles sont d'un jaune moins citron.

LARVE SUPPOSÉE DE L'**Harmonia impustulata**, Linné.

Long. 4 mill. — *Corps* hexapode, suballongé, subrétréci aux deux bouts, convexe; d'un noir assez brillant, avec une bordure latérale et une bande longitudinale médiane pâles ou testacées, et une tache de même couleur, près des côtés du disque des 1er et 4e segments de l'abdomen: celui-ci muni de 4 séries de tubercules dentés et sétifères.

Tête subtransverse, inclinée, moins large que le prothorax, largement et fortement biimpressionnée, éparsement sétosellée latéralement; d'un testacé pâle et brillant avec la base et les côtés plus ou moins rembrunis. *Épistome* subéchancré. *Labre* transverse, tronqué ou à peine échancré au sommet. *Mandibules* noires, très peu saillantes. *Palpes maxillaires* courts, épais, noirs, paraissant de 3 articles : le dernier un peu plus étroit, conique, mousse au bout. *Palpes labiaux* très petits, peu distincts, à dernier article seul apparent, conique, mousse au bout.

Yeux très petits, réduits à 2 ou 3 ocelles obsolètes, obscurs.

Antennes très courtes, rétractiles, noires, n'offrant que 2 articles apparents, le dernier muni d'une longue et fine soie.

Prothorax grand, transverse, un peu déclive d'arrière en avant où il est un peu plus étroit; tronqué au sommet, subarrondi à la base et aux angles postérieurs; éparsement sétosellé; d'un noir brillant avec une ceinture marginale et une bande médiane pâles ou testacées; muni sur les côtés d'une série de dents sétifères noires, inégales, se continuant plus ou moins sur la base; peu convexe; marqué sur son disque de 2 larges plaques subimpressionnées, inégales ou grossièrement plissées et parsemées de petites aspérités sétifères.

Mésothorax et *métathorax* courts, un peu plus longs, pris ensemble, que le prothorax, assez convexes; plus ou moins plissés en travers sur le dos, mamelonnés sur les côtés qui sont éparsement ciliés; d'un testacé pâle et peu brillant, avec le disque orné de chaque côté d'une grande plaque ovale, transversale, plus ou moins obscure, subélevée, inégale, hérissée de dents sétifères, les extérieures plus saillantes.

Abdomen aussi large à sa base que le métathorax, graduellement rétréci en arrière dans son dernier tiers ; convexe ; d'un noir ou brun peu brillant avec une bordure latérale et une bande longitudinale médiane d'un testacé pâle, et une tache transversale, de même couleur, de chaque côté du disque des 1er et 4e segments : la bande médiane plus dilatée sur ce dernier ; composé de 9 segments. Les 8 premiers courts, subégaux, garnis sur les côtés de mamelons pourvus de petites dents sétifères ; parés sur le dos de 4 séries de tubercules noirs, munis de dents sétifères, ces dents au nombre de 3 ou 4 sur les externes, plus nombreuses sur les internes. Le 9e plus étroit, un peu moins court, obsolètement tuberculeux, sillonné sur les côtés, subarrondi au sommet, d'un noir brillant avec la marge et une ligne médiane parfois moins foncées ou même pâles.

Dessous du corps généralement pâle ou d'un testacé livide, peu brillant, éparsement sétosellé (1). *Ventre* subdéprimé, plus ou moins chiffonné ou paré, outre les côtés, de 4 séries de mamelons. *Mamelon* anal grand, en forme de moignon, mou, subhémisphérique.

Pieds assez développés, d'un noir luisant avec une partie des hanches, les trochanters et souvent la base des cuisses pâles. *Hanches* médiocres, subovalaires, enchâssées. *Trochanters* assez grands, en onglet, à pointe un peu rembrunie. *Cuisses* allongées, sublinéaires, éparsement ciliées. *Tibias* un peu plus longs, plus grêles, distinctement ciliés, à peine atténués, terminés par un petit crochet grêle, acéré, coudé, lobé-denté à sa base en dessous.

Obs. Cette larve se prend, en août, sous les écorces ou en battant les arbres. Elle diffère de celle de la *Coccinella bipunctata* par sa forme moins ramassée et par les bandes longitudinales d'une couleur plus pâle. Comme les autres, elle fait la guerre aux Pucerons.

Elle varie beaucoup pour la couleur des bandes, qui sont plus ou moins pâles, parfois subinterrompues. Les sujets près d'entrer en nymphose sont souvent presque entièrement gris, avec 4 rangées longitudinales de plaques noires.

(1) Les soies, tant en dessus qu'en dessous, sont en majeure partie pâles.

NYMPHE

La nymphe porte à son extrémité la dépouille de la larve. Elle est convexe, ramassée, ruguleuse, peu brillante, en partie testacée, avec 2 bandes longitudinales brunes sur le prothorax, accompagnées en dehors d'une tache isolée, de même couleur. Le mésothorax est transverse, impressionné sur les côtés, brunâtre avec une ligne médiane pâle. Le métathorax est en hémicycle dirigé en avant, testacé, paré de chaque côté d'une grande tache brune. Les élytres, brunâtres, sont un peu plus claires à leur base et graduellement ferrugineuses dans leur partie repliée en dessous. L'abdomen est testacé, avec 4 bandes brunes et 5 séries de fossettes. La base des pieds est plus ou moins enfouie.

Larve de la **Sospita tigrina,** Linné.

Long. 5-6 mill. — *Corps* hexapode, suballongé, dilaté en avant, fortement rétréci en arrière ; peu convexe ; d'un noir assez brillant, avec la majeure partie de la tête et 3 bandes longitudinales testacées, assez pâles sur les segments thoraciques, plus obscures sur l'abdomen : celui-ci muni de 4 séries de tubercules allongés, coniques, subdenticulés, sétifères, simulant de fortes épines.

Tête subarrondie, infléchie, moins large que le prothorax, presque lisse, brillante, testacée avec les tempes noires, ainsi que 2 petites taches sur le vertex. *Front* déprimé, creusé d'une grande impression circulaire, interrompue en arrière, à milieu un peu moins lisse. *Épistome* très court, à peine échancré. *Labre* court, subarrondi au sommet. *Mandibules* peu saillantes, testacées, un peu rembrunies à leur extrémité. *Palpes maxillaires* courts, de 3 articles : les 2 premiers courts, épais : le dernier un peu moins épais, conique, mousse ou subtronqué au bout. *Palpes labiaux* petits, paraissant de 2 articles : le 1er très court, le 2e conique, tronqué au bout.

Yeux composés de 3 ocelles granuleux, lisses, noirs, disposés en triangle.

Antennes très courtes, rétractiles, pâles, à dernier article seul apparent, terminé par une soie.

Prothorax grand, transverse, déclive d'arrière en avant, un peu plus étroit antérieurement ; subtronqué au sommet, largement arrondi aux angles antérieurs, plus faiblement à la base ; éparsement sétosellé dans son pourtour (1) ; d'un noir brillant avec une bande médiane étranglée dans son tiers antérieur, la marge postérieure étroitement, les marges antérieure et latérales largement, pâles, excepté les angles postérieurs. qui sont armés de 4 ou 5 dents sétifères, dont 3 plus fortes ; subdéprimé, avec la partie noire formant comme 2 plaques oblongues, marquées de fovéoles irrégulières et de tubercules obsolètes.

Mésothorax et *métathorax* courts, à peine plus longs, pris ensemble, que le prothorax, un peu plus larges que celui-ci ; d'un brun assez brillant avec la marge antérieure du mésothorax pâle, ainsi qu'une légère ligne médiane de même couleur continuée sur les 2 segments, parfois subinterrompue à la base du premier ; déprimés sur leur disque avec la partie obscure formant de chaque côté de la ligne médiane comme une grande plaque, creusée de 2 ou 3 fovéoles irrégulières et parsemée de quelques aspérités, obsolètes sur le mésothorax, plus accusées sur le métathorax où elles sont représentées par 2 dents sensibles, situées près du bord postérieur ; fortement relevés sur les côtés qui sont armés de 4 fortes dents coniques, sétifères, dont les plus longues sont elles-mêmes denticulées.

Abdomen brusquement plus étroit que le métathorax, graduellement et fortement rétréci en arrière en forme de cône ; convexe ; d'un noir peu brillant avec une bordure submarginale et une bande médiane testacées, celle-ci souvent plus obscure ; composé de 9 segments très courts, subégaux. Les 8 premiers munis de 4 séries longitudinales de tubercules noirs, allongés, spiniformes, coniques, subdenticulés, sétifères ; avec les tubercules latéraux du 1er segment testacés, les suivants graduellement moins longs, ceux du 8e peu prononcés : celui-ci souvent pâle à sa marge apicale. Le dernier à peine plus étroit mais plus long que le précédent, d'un noir de poix brillant, convexe, subimpressionné sur les côtés, sans tubercules.

Dessous du corps distinctement sétosellé, testacé avec le ventre paré de 4 bandes longitudinales noires. *Celui-ci* subdéprimé, plus ou moins mamelonné dans sa région médiane, muni de chaque côté de celle-ci, d'une rangée de tubercules fauves ou testacés, suballongés, coniques, denticulés et sétifères. *Mamelon anal* testacé, lisse, en forme de moignon suboblong.

---

(1) Les soies dont le corps est paré sont généralement pâles.

Pieds très développés, noirs avec le sommet des hanches, les trochanters, la base des cuisses et des tibias plus ou moins testacés. *Hanches* médiocres, subovalaires, enchâssées. *Trochanters* cunéiformes. *Cuisses* très allongées, subcomprimées, sublinéaires, éparsement ciliées, à peine renflées. *Tibias* un peu moins longs, plus étroits, ciliés, subélargis à leur base, et puis subrétrécis et subcylindriques dans leur dernière moitié, terminés par un petit crochet acéré, testacé, subarqué, lobé-denté à sa base en dessous, inséré au côté interne du sommet (1).

Obs. Cette larve se rencontre, avec l'insecte parfait, sur l'Aune *(Alnus glutinosa,* Goertn.), où elle fait la chasse aux Pucerons. Elle ressemble à celle de la *Propylea* 14-*punctata* Lin., dont elle diffère par son prothorax plus fortement relevé-denté sur les côtés, par son abdomen plus brusquement et plus fortement rétréci en arrière, sans tache pâle sur le dos du 4° segment, et par ses pieds autrement colorés (2). La bande médiane de l'abdomen est souvent très obscure ou presque nulle.

Toutes les diverses larves de Coccinellides varient beaucoup de coloration suivant l'âge, et, avant d'opérer leur nymphose, elles s'épaississent et prennent une teinte tantôt plus pâle, tantôt plus obscure. La nymphe retient souvent au sommet de l'abdomen la dépouille de la larve. Mais chez les *Chilocorus* et *Exochomus,* c'est encore autre chose, la nymphe séjourne dans l'enveloppe même de la larve comme dans une coque entr'ouverte en dessus, jusqu'à sa dernière métamorphose ou état adulte.

Elles fréquentent généralement les mêmes végétaux que l'insecte parfait, et je suis persuadé qu'avec un peu de patience, l'entomologiste observateur arriverait non seulement à les découvrir presque toutes, mais encore à pouvoir affirmer leur identité spécifique.

Quant à la famille des Scymniens, les larves présentent sur l'abdomen 4 séries de tubercules ciliés *(Scymnus minimus)* ou simplement 4 rangées de fossettes lanigères *(Scymnus marginalis,* Perris, Ann. Soc. ent. Fr., 1862, p. 230, pl. VI, fig. 606). — D'après les observations présentées à la Société Linnéenne de Lyon (1884) par M. J. Nicolas, la larve du *Scymnus minimus* se nourrirait de jeunes Tétranyques. Il en est probablement ainsi de plusieurs autres espèces du même genre et des genres *Chilocorus* et *Exochomus,* qu'on rencontre abondamment sur les branches infectées

---

(1) Au côté externe du même sommet, on aperçoit confusément une petite dent mousse, qu'on dirait être un crochet rudimentaire; cela se voit chez d'autres espèces.

(2) Il est à remarquer que les larves appartenant au groupe des Haliziaires ont les pattes plus longues et le corps plus fortement rétréci en arrière que chez les autres Coccinellides.

par les mêmes Acarides. Je soupçonne même les *Hyperaspis* de n'être point aphidiphages, car leur manière de se comporter le fait supposer ainsi.

TRIBU DES SULCICOLLES OU ENDOMYCHIDES

On ne connaît de larves de cette tribu que 3 espèces, *Endomychus coccineus*, Westwood (Intr., I, fig. 49); *Lycoperdina succincta*, Chapuis et Candèze (Cat. Larv., p. 288, pl. IX, fig. 11); et *L. bovistae*, L. Dufour (Ann. Soc. ent. Fr. 1854, 647, pl. XIX, n° 11). Elles se nourrissent de diverses espèces de *Lycorperdon*.

La larve de l'*Endomychus coccineus* est testacée, munie sur l'abdomen de 2 séries d'épines tronquées et triciliées, avec le sommet armé de 4 épines plus fortes, pointues et verticalement redressées, dont les deux postérieures plus grandes. La nymphe est ferrugineuse, hérissée de soies hispides, pâles et nombreuses.

ADDENDUM

LARVE SUPPOSÉE DU **Cerophytum elateroides**, Latreille (1).

Long. 7-8 mill. — *Corps* hexapode, oblong, atténué en avant, voûté ou subarqué, blanchâtre.

Tête petite, subtriangulaire, bien moins large que le prothorax, subferrugineuse, éparsement sétosellée. *Épistome* en trèfle, à lobe médian 5-denté. *Palpes maxillaires* de 3 articles, dont le dernier plus grêle. *Yeux* indistincts.

Antennes paraissant de 3 articles graduellement plus étroits, le dernier avec un rudiment d'article supplémentaire vers sa base externe.

Prothorax transverse, subdéprimé, rétréci en avant, plus ou moins impressionné-fovéolé et éparsement sétosellé sur son disque. Les deux segments suivants très courts, subconvexes, subégaux, plus ou moins plissés et ciliés.

Abdomen cintré, de 9 segments transversalement convexes. Les 8 premiers courts, subégaux, cicatrisés et mamelonnés sur les côtés qui sont garnis de fascicules de longues soies ; offrant chacun sur le dos une large ampoule ambulatoire, déprimée, transversale ou semidiscoïdale, plus brillante, plus ou moins fovéolée et sétosellée. Le dernier plus étroit, très court, obtus.

Dessous du corps blanchâtre. *Ventre* mamelonné. *Anus* chiffonné.

---

(1) La description de cette larve doit marcher avant celle de l'*Athous difformis* (p. 70).

Pieds moins pâles, très courts, épais ; les antérieurs terminés par 2 onglets robustes et brunâtres dont l'externe plus court : les intermédiaires et postérieurs armés d'un seul onglet grêle et d'un brun de poix.

Obs. J'ai trouvé 2 exemplaires de cette larve, en juin, dans le tronc carié d'un Sureau, en compagnie de l'insecte parfait. Elle ressemble plutôt à une larve de Lamellicornes qu'aux larves de Buprestides et d'Élatérides. Elle est surtout caractérisée par la présence des pattes, ce qui ne se voit point chez les Buprestides et que par exceptions rares chez les Lamellicornes.

TABLE ALPHABÉTIQUE

DES ESPÈCES DÉCRITES

FIN DE LA TABLE ALPHABÉTIQUE

EXPLICATION DES PLANCHES

Planche I

1

3

7

4

2

5

9

8

10

6

11

14

15

12

17

19

13

20

18

21

23

16

24

22

25

27

29

28

26

31

33

30

34

32

Imp. A. Roux, Lyon

LARVES

Pl. II

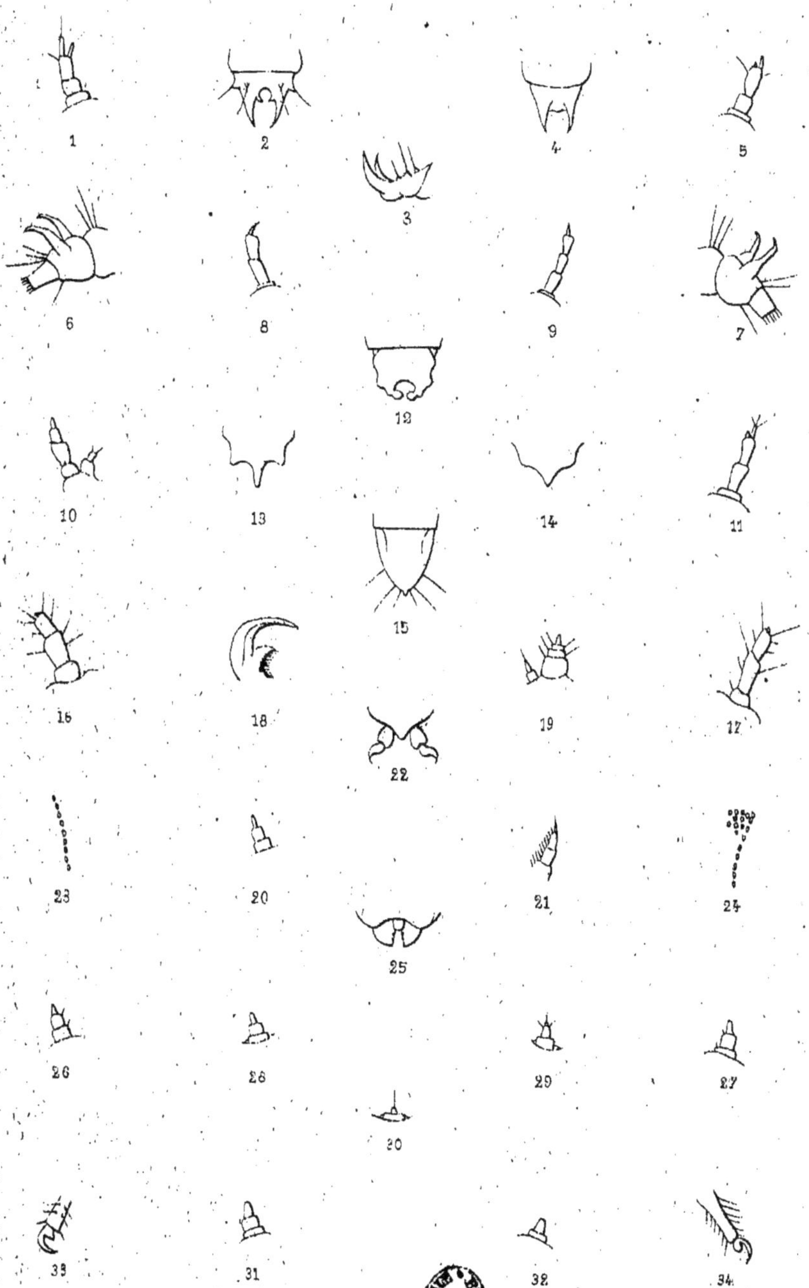
1
2
3
4
5
6
8
9
7
12
10
13
14
11
15
16
18
19
17
22
23
20
21
24
25
26
28
29
27
30
33
31
32
34

C. Rey, Del.

Imp. A. Roux, Lyon.

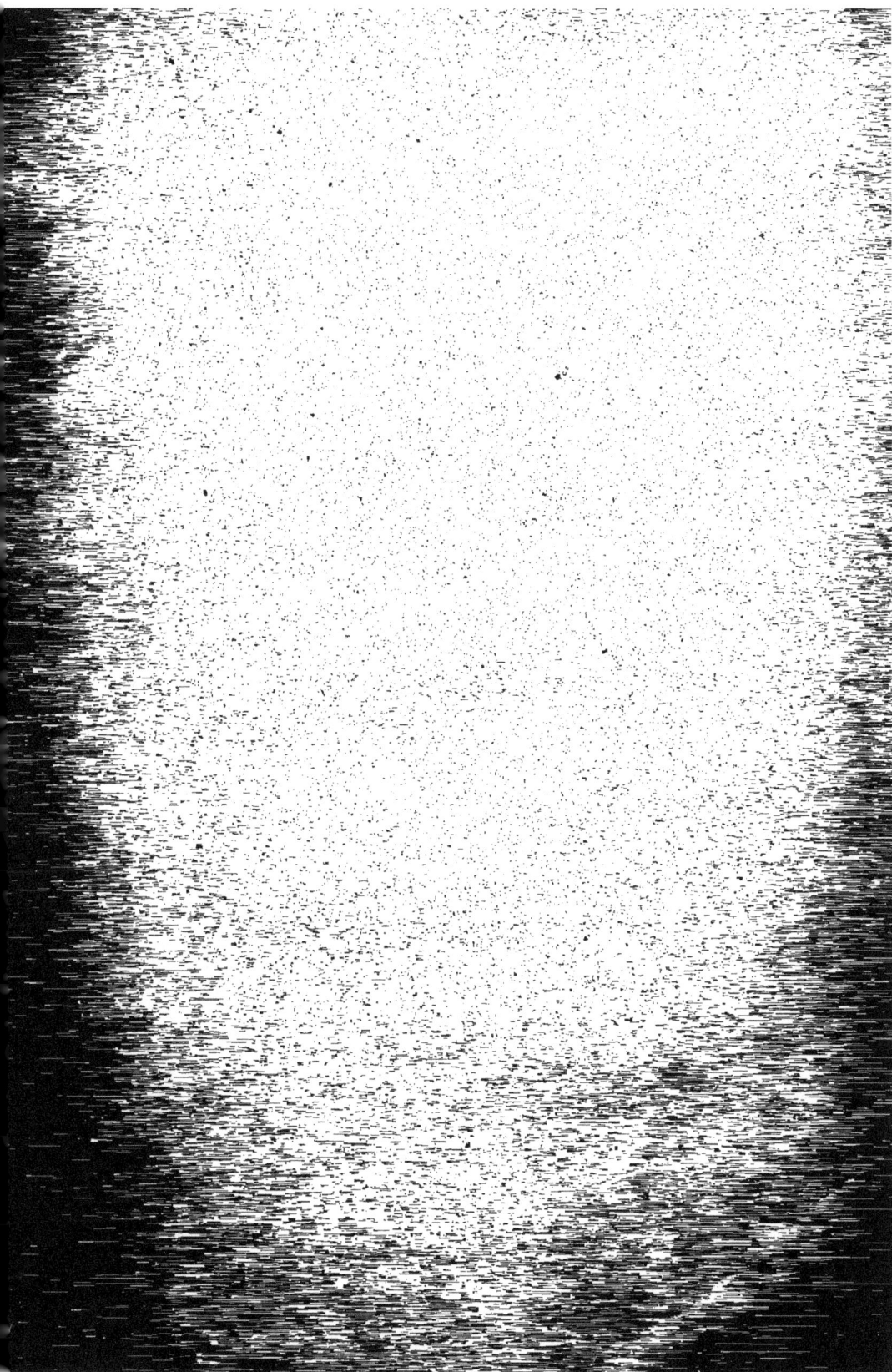